JN069964

第二次検定

土木
施工管理技士
実戦セミナー

市ケ谷出版社

ま　え　が　き

本書を手にしている貴方は，第一次検定はすでに合格されたか，第一次検定の合格に手ごたえを十分に感じている方と拝察いたします。

１級土木施工管理技士とは，「十分な実務経験と専門知識をもち，指導監督者としての能力等を有している技術者である」ことが認められることです。
「１級土木施工管理技士」の資格を取得することは，本人のスキルアップはもちろんですが，所属する企業も，経営事項審査において５点が与えられ，技術力の評価につながり，公共工事の発注の際の目安とされるなど，１級土木施工管理技士資格者の役割はますます重要になってきています。

令和３年度に試験制度が改正になり，従来の学科試験が第一次検定に，実地試験が第二次検定になり，第一次検定合格者には**技士補**，第二次検定の合格者には，**技士**がそれぞれ付与されることになりました。

近年は，施工経験を重視した難しい問題が出題されるようになってきています。
本書は，第二次検定のなかで，特に難しいといわれる施工経験記述の書き方を丁寧に指導するとともに，典型的な実例を載せてわかりやすく紹介してあります。

学科記述については，最新10年間（平成25年～令和４年）の出題傾向を分析するとともに，最新５年間（平成30年～令和４年）の全出題問題の模範解答と解説を詳述しています。
近年の学科記述の問題は，第一次検定と同じような内容が，記述式という形で出題される例が増加しています。本書の姉妹版である「１級土木施工管理技士　要点テキスト」で要点を確認し，整理して確実な知識を身につけておいて下さい。

第一次検定の成果を無駄にしないためにも，本書を十分に活用し，第二次検定受験への準備を万全なものにして，「１級土木施工管理技士」の資格を獲得してください。

合格を心より祈念しております。

2023年　４月

著者一同

1級土木施工管理技術検定　令和３年度制度改正について

令和３年度より，施工管理技術検定は制度が大きく変わりました。

●試験の構成の変更　（旧制度）　→　（新制度）
学科試験・実地試験　→　第一次検定・第二次検定

●第一次検定合格者に『技士補』資格
令和３年度以降の第一次検定合格者が生涯有効な資格となり，国家資格として『1級土木施工管理技士補』と称することになりました。

●試験内容の変更・・・以下を参照ください。

●受検手数料の変更・・第一次検定，第二次検定ともに受検手数料が10,500円に変更。

試験内容の変更

学科・実地の両試験を経て，１級の技士となる現行制度から，施工管理のうち，施工管理を的確に行うに必要な知識・能力を判定する第一次検定，実務経験に基づいた監理技術者として施工管理，指導監督の知識・能力を判定する第二次検定に改められました。

第一次検定の合格者には技士補，第二次検定の合格者には技士がそれぞれ付与されます。

第一次検定

これまで学科試験で求められていた知識問題を基本に，実地試験で出題されていた施工管理法など能力問題が一部追加されることになりました。

これに合わせ，合格基準も変更されます。従来の学科試験は全体の60％の得点で合格となりましたが，新制度では，第一次検定は全体の合格基準に加えて，施工管理法（応用能力）の設問部分の合格基準が設けられました。これにより，全体の60％の得点と施工管理法の設問部分の60％の得点の両方を満たすことで合格となります。

第一次検定はマークシート式で，これまでの四肢一択方式で出題形式と同じで変更はありません。

なお，合格に求められる知識・能力の水準は，従来の検定と同程度となっています。

第一次検定の試験内容

検定区分	検定科目	検定基準
第一次検定	土木工学等	1　土木一式工事の施工の管理を適確に行うために必要な土木工学，電気工学，電気通信工学，機械工学及び建築学に関する一般的な知識を有すること。 2　土木一式工事の施工の管理を適確に行うために必要な設計図書に関する一般的な知識を有すること。
	施工管理法	1　監理技術者補佐として，土木一式工事の施工の管理を適確に行うために必要な施工計画の作成方法及び工程管理，品質管理，安全管理等工事の施工の監理方法に関する知識を有すること。
		2　監理技術者補佐として，土木一式工事の施工の管理を適確に行うために必要な応用能力を有すること。
	法　　規	建設工事の施工の管理を適確に行うために必要な法令に関する一般的な知識を有すること。

（１級土木施工管理技術検定　受験の手引より引用）

第一次検定の合格基準

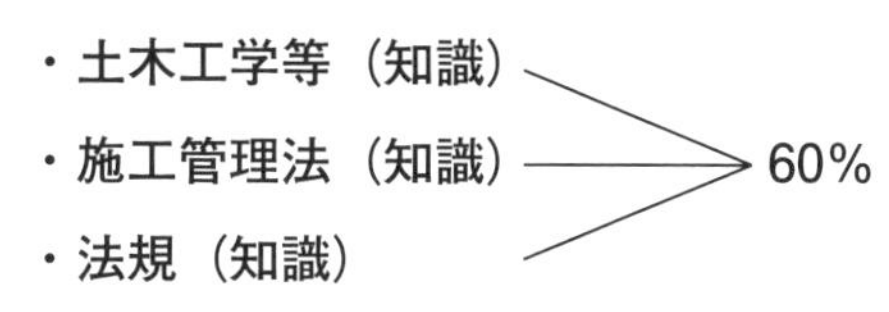

（国土交通省 不動産・建設経済局建設業課「技術検定制度の見直し等（建設業法の改正）」より）

第二次検定

第二次検定は，施工管理法についての試験で知識，応用能力を問う記述式の問題となります。

・第二次検定の合格基準：得点が60％以上

第二次検定の試験内容

検定区分	検定科目	検定基準
第二次検定	施工管理法	1　監理技術者として，土木一式工事の施工の管理を適確に行うために必要な知識を有すること。
		2　監理技術者として，土質試験及び土木材料の強度等の試験を正確に行うことができ，かつ，その試験の結果に基づいて工事の目的物に所要の強度を得る等のために必要な措置を行うことができる応用能力を有すること。 3　監理技術者として，設計図書に基づいて工事現場における施工計画を適切に作成すること，又は施工計画を実施することができる応用能力を有すること。

（１級土木施工管理技術検定　受検の手引きより引用）

本書の構成と利用の仕方

「１級土木施工管理技士」の第二次検定は，出題された課題について受験者の施工体験を記述する**施工経験記述**と，第一次検定と同様の分野の問題を記述形式で答える**学科記述**があります。

本書は，それぞれについて十分学習できるよう，次の５編構成になっています。

第１編は，第二次検定の概要と，受験にあたってのガイダンスとなっています。

第２編は，施工経験記述の書き方について，注意すべき事項などを丁寧に解説しました。合格するための基本的な基準を示し，受験に臨んで十分に対応できるようにしました。また，模範解答の書き方を解説しました。

第３編は，施工経験記述について，品質管理・安全管理・工程管理の３つの課題ごとに５例の文例を掲載しました。

第４編は，学科記述を取り上げています。学科記述は，平成26年度までは５問題中（ただし，各問題に設問が２つ）３問題の選択でしたが，平成27年度以降は10問題に細分化され，問題２～問題６の５問題のうちから３問題を，問題７～11の５問題のうちから３問題を選択するように，出題形式が変更になりました。

従来，経験記述１問のみが必須問題で，他は選択問題でしたが，令和３年度の改正で，学科記述10問のうち，２問が必須問題になり，令和３年度は，コンクリート工，施工計画が出題され，令和４年度は，地下埋設物・架空線等に近接した作業に当たっての安全管理，盛土の品質管理が出題されました。

学科記述の出題形式は，10問のうち５問が□の中に適当な用語又は数字を記入する穴うめ問題，５問は，短い文章で解答を記述する問題であり，従来と変わっておりません。

出題分野は，土工，コンクリート工，施工計画，品質管理，安全管理，建設副産物・環境保全の６分野です。総花的に覚えようとせずに，自分の得意な分野を中心に確実に得点できるように学習してください。

第５編には，学科記述の学習しておくべき基礎知識をとりまとめて掲載してあります。

本書では，学科記述の最新10年間分（平成25年～令和４年）の出題傾向を分析するとともに，その対策を学習のポイントとして示しました。また，最新５年間（平成30年～令和４年）の全問題について，出題年度順に模範解答と解説を掲載しました。

試験日が近づきましたら，実際の試験時間にあわせて，３ヵ年分の問題（繰り返し出題される例が多いので，令和元年，２年，３年分がよいと思います）を解いてみてください。

試験は60点以上で合格ですが，**勉強段階では80点を目標**に取り組んでください。80点以上正解でしたら，自信を持って試験会場に臨んでください。

目　次

第1編　受験のためのガイダンス

第2編　施工経験記述の書き方

第3編　施工経験記述文例集

次ページに施工経験記述文例一覧表を掲載

第4編　学科記述

第5編　基礎知識

第3編の経験記述文例　掲載一覧

管理項目	番号	工事名	（本書に取り上げた工事）	工種	課題	ページ
品質管理	1	土工	F県H町H地区用地造成工事	盛土工	盛土の品質管理	30
	2	橋梁下部工事	○○自動車道○○高架橋下部工事	コンクリート工	コンクリートの品質管理	32
	3	土工	○○ダム公園進入路整備工事	盛土工	路床の品質管理	34
	4	舗装工事	県道○○○号線拡幅工事	路床盛土	盛土基面の品質管理	36
	5	推進工事	S本線横断函渠築造工事	函体推進工	函体推進精度の確保	38
安全管理	1	橋梁工事	県道○○号線○○高架橋鋼上部工事	上部工	営業線近接工事の安全管理	40
	2	水道工事	市道○○○号線配水管布設替え工事	管布設工	地下埋設物の安全管理	42
	3	治山工事	治山事業K地区砂防えん堤（その1）工事	砂防えん堤工	作業員の安全管理	44
	4	河川工事	準用河川改修　（S川　H地区）工事	護岸工	通行車両の安全管理	46
	5	共同溝工事	R地区市道○○号線無電柱化 地中配管埋設工事	管路工	通行者の安全管理	48
工程管理	1	鉄道工事	U地区〜O地区間軌道敷支持物取替工事	軌道工	支持物取替の工程管理	50
	2	道路工事	市道○○○号線改良舗装工事	舗装工	舗装の工程管理	52
	3	橋梁上部工事	K自動車道T高架橋上部工工事	PC橋梁工	現場打ちPCの工程管理	54
	4	共同溝工事	K地区共同溝工事その1	管路工	管路の工程管理	56
	5	トンネル工事	Bトンネル築造工事に伴う水抜き孔設置工事	ボーリング工	ボーリングの工程管理	58

第1編

受験のためのガイダンス

第二次検定には，経験記述と学科記述があります。

経験記述

指導監督者としての立場での，施工管理の経験と能力が求められます。

学科記述

専門的知識の記述形式による解答なので，第一次検定の４択問題とは異なり，よりたしかな知識が求められています。

第二次検定とは

1．第二次検定の目的

「1級土木施工管理技士」になるためには，「1級土木施工管理技術検定試験」の「第一次検定」に合格したあと，「第二次検定」に合格しなければなりません。

第二次検定は，1級土木施工管理技士として

①　実務経験と資格にふさわしい専門知識を確実に身につけているか。

②　指導監督者としての立場での施工管理経験と能力があるか。

③　施工計画や報告書の作成等について資格にふさわしい能力があるか。

を判定するための試験として実施されます。問題は，すべて記述式で出題されます。

学科記述は，「第一次検定」では4択問題として出題されていますが，第二次検定では記述形式なのでよりたしかな知識として身につけていないと解答できないことになります。

近年は，問題がますます難しくなっていることもあり，合格率が低下してきていましたが，26年度は39.5％を記録しました。29年度は30.0％となり，若干下降しましたが，令和元年度は45.3％と大幅に増加しました。しかし，新試験制度開始2年目の令和4年度には28.7％に低下しました。参考までに，受験者数の推移および最近の合格率のデータを図1および図2に示します。

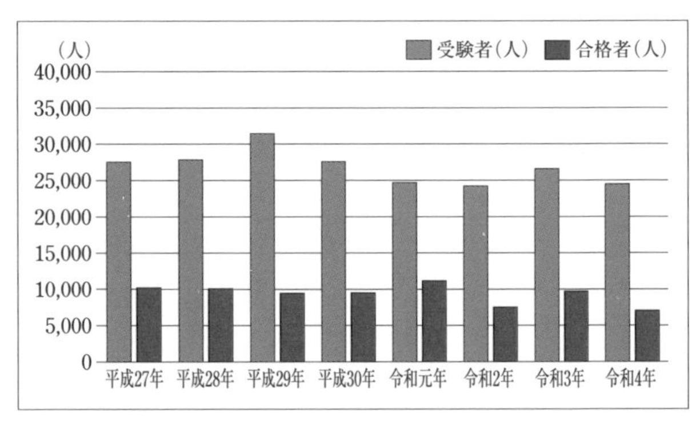

図1　平成26年度以降の第二次検定（実地試験）受験者と合格者の推移

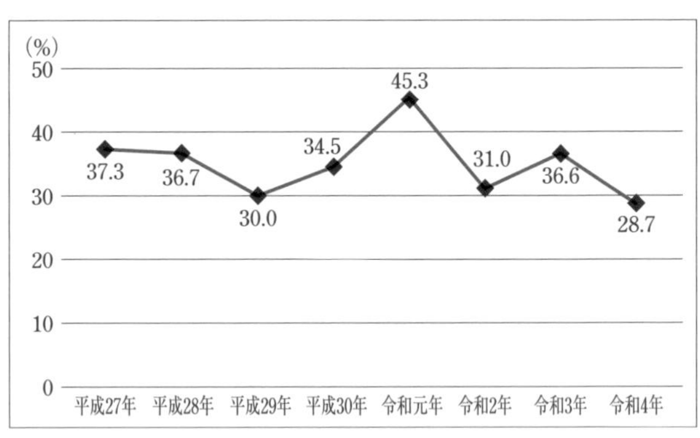

図2　合格率のデータ

2．試験場

札幌，釧路，青森，仙台，東京，新潟，名古屋，大阪，岡山，広島，高松，福岡，那覇の13地区（近郊都市も含む）

3．試験時間の配分と合格点

試験時間は2時間45分で実施され，経験記述（必須問題，700～800字程度）1問と学科記述（必須問題2問と選択問題8問中4問を選択）6問を解答することになりますので，日頃から時間配

分を考えた学習への取組みが必要です。

第二次検定における配点と合格点については，得点が60％以上を合格とするとされていますが，試験の実施状況を踏まえ，変更する可能性があるとのただし書きがありますので，安全のため，経験記述，学科記述とも，65％以上を目標値におくとよいと思われます。

4．技術検定合格証明書交付申請

めでたく合格されましたら「第二次検定合格通知」とともに送られてくる「交付手数料納付書」に手数料の収入印紙を貼り，（一財）全国建設研修センターに送付すれば，国土交通大臣から本人宛に，「１級土木施工管理技士技術検定合格証明書」が交付されます。

❷ 合格までの流れ

令和４年度の実地試験の受験手続と試験・合格発表までの流れは，図３のようである。

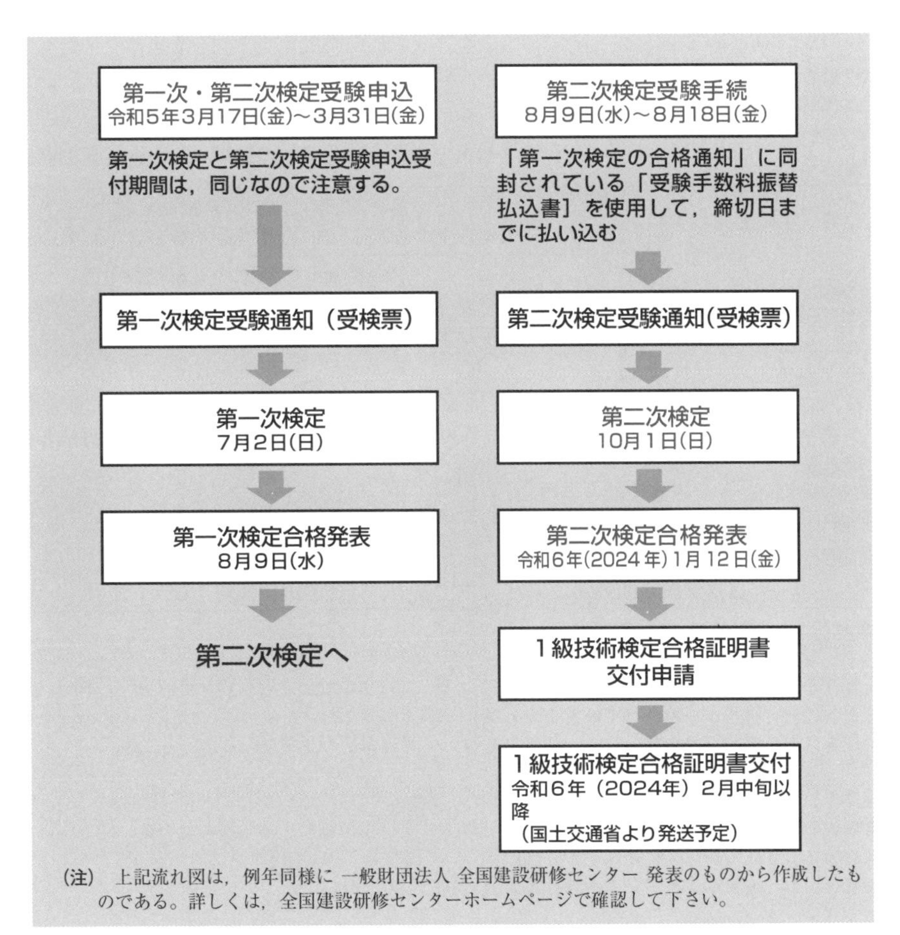

図３　合格までの流れ

❸ 第二次検定受験資格

受検資格に関する詳細については，必ず「受検の手引」をご確認ください。

第一次検定

●受検資格区分(イ)，(ロ)，(ハ)，(ニ)のいずれかに該当する者が受験できます。

受検資格区分(イ)，(ロ)

<table>
<tr><th rowspan="2">区分</th><th rowspan="2" colspan="2">学歴と資格</th><th colspan="2">土木施工管理に関する必要な実務経験年数</th></tr>
<tr><th>指定学科</th><th>指定学科以外</th></tr>
<tr><td rowspan="4">(イ)</td><td colspan="2">学校教育法による
・大学
・専門学校の「高度専門士」*1</td><td>卒業後3年以上
の実務経験年数
1年以上の指導監督的実務経験年数が含まれていること。</td><td>卒業後4年6ヵ月以上
の実務経験年数</td></tr>
<tr><td colspan="2">学校教育法による
・短期大学
・高等専門学校（5年制）
・専門学校の「専門士」*2</td><td>卒業後5年以上
の実務経験年数
1年以上の指導監督的実務経験年数が含まれていること。</td><td>卒業後7年6ヵ月以上
の実務経験年数</td></tr>
<tr><td colspan="2">学校教育法による
・高等学校
・中等教育学校（中高一貫6年）
・専修学校の専門課程</td><td>卒業後10年以上
の実務経験年数
1年以上の指導監督的実務経験年数が含まれていること。</td><td>卒業後11年6ヵ月以上
の実務経験年数</td></tr>
<tr><td colspan="2">その他（学歴を問わず）</td><td colspan="2">15年以上の実務経験年数
1年以上の指導監督的実務経験年数が含まれていること。</td></tr>
<tr><td rowspan="3">(ロ)
2級土木施工管理技術検定合格者</td><td colspan="2">2級土木施工管理技術検定合格者
（合格後の実務経験が5年以上の者）</td><td colspan="2">合格後5年以上の実務経験年数
（本年度該当者は平成27年度までの2級土木施工管理技術検定合格者）
1年以上の指導監督的実務経験年数が含まれていること。</td></tr>
<tr><td rowspan="2">2級土木施工管理技術検定合格後，実務経験が5年未満の者
［卒業後に通算で所定の実務経験を有する者］</td><td>学校教育法による
・高等学校
・中等教育学校（中高一貫6年）
・専修学校の専門課程</td><td>卒業後9年以上
の実務経験年数
1年以上の指導監督的実務経験年数が含まれていること。</td><td>卒業後10年6ヵ月以上
の実務経験年数</td></tr>
<tr><td>その他
（学歴を問わず）</td><td colspan="2">14年以上の実務経験年数
1年以上の指導監督的実務経験年数が含まれていること。</td></tr>
</table>

＊1　「高度専門士」の要件
　①修業年数が4年以上であること。
　②全課程の修了に必要な総授業時間が3,400時間以上。又は単位制による学科の場合は，124単位以上。
　③体系的に教育課程が編成されていること。
　④試験等により成績評価を行い，その評価に基づいて課程修了の認定を行っていること。

＊2　「専門士」の要件
　①修業年数が2年以上であること。
　②全課程の修了に必要な総授業時間が1,700時間以上。又は単位制による学科の場合は，62単位以上。
　③試験等により成績評価を行い，その評価に基づいて課程修了の認定を行っていること。
　④高度専門士と称することができる課程と認められたものでないこと。

受検資格区分(ハ)　専任の主任技術者の実務経験が1年以上ある者

区分	学歴と資格		土木施工管理に関する必要な実務経験年数	
			指定学科	指定学科以外
(ハ)	2級土木施工管理技術検定合格者 （合格後の実務経験が3年以上の者）		合格後3年以上の実務経験年数 （本年度該当者は平成29年度までの，2級土木施工管理技術検定合格者）	
	2級土木施工管理技術検定合格後，実務経験が3年未満の者 ［卒業後に通算で所定の実務経験を有する者］	学校教育法による ・短期大学 ・高等専門学校（5年制） ・専門学校の「専門士」		卒業後7年以上の実務経験年数
		学校教育法による ・高等学校 ・中等教育学校（中高一貫6年） ・専修学校の専門課程	卒業後7年以上の実務経験年数	卒業後8年6ヵ月以上の実務経験年数
		その他（学歴を問わず）	12年以上の実務経験年数	
	その他	学校教育法による ・高等学校 ・中等教育学校（中高一貫6年） ・専修学校の専門課程	卒業後8年以上の実務経験年数	卒業後※9年6ヵ月以上の実務経験年数
		その他 （学歴を問わず）	13年以上の実務経験年数	

※建設機械施工技士に限ります（合格証明書の写しが必要です）。建設機械施工技士の資格を取得していない場合は11年以上の実務経験年数が必要です。

受検資格区分(ニ)　指導監督的実務経験年数が1年以上，主任技術者の資格要件成立後専任の監理技術者の指導のもとにおける実務経験が2年以上ある者

区分	学歴と資格	土木施工管理に関する必要な実務経験年数
(ニ)	2級土木施工管理技術検定合格者 （合格後の実務経験が3年以上の者）	合格後3年以上の実務経験年数 （本年度該当者は平成29年度までの，2級土木施工管理技術検定合格者） ※2級技術検定に合格した後，以下に示す内容の両方を含む3年以上の実務経験年数を有している者 ・指導監督的実務経験年数を1年以上 ・専任の監理技術者の配置が必要な工事に配置され，監理技術者の指導を受けた2年以上の実務経験年数
	学校教育法による ・高等学校 ・中等教育学校（中高一貫6年） ・専修学校の専門課程	指定学科を卒業後8年以上の実務経験年数 ※左記学校の指定学科を卒業した後，以下に示す内容の両方を含む8年以上の実務経験年数を有している者 ・指導監督的実務経験年数を1年以上 ・5年以上の実務経験の後に専任の監理技術者の設置が必要な工事において，監理技術者による指導を受けた2年以上の実務経験年数

第二次検定

[1] 令和３年度以降の「第一次検定・第二次検定」を受検し，第一次検定のみ合格した者【上記の区分(イ)から(ニ)の受験資格で受験した者に限る】

[2] 令和３年度以降の「第一次検定」のみを受検して合格し，所定の実務経験を満たした者

[3] 技術士試験の合格者（技術士法による第二次試験のうち指定の技術部門に合格した者（平成15年文部科学省令第36号による技術士法施行規則の一部改正前の第二次試験合格者を含む））で，所定の実務経験を満たした者

※上記の詳しい内容につきましては，「受検の手引」をご参照ください。

3．試験地

札幌・釧路・青森・仙台・東京・新潟・名古屋・大阪・岡山・広島・高松・福岡・那覇

※試験会場は，受検票でお知らせします。

※試験会場の確保等の都合により，やむを得ず近郊の都市で実施する場合があります。

4．試験の内容等

「１級土木施工管理技術検定　令和３年度制度改正について」をご参照ください。

受検資格や試験の詳細については受検の手引をよく確認してください。
不明点等は下記機関に問い合わせしてください。

5．試験実施機関

国土交通大臣指定試験機関

一般財団法人　全国建設研修センター　土木試験部

〒187-8540　東京都小平市喜平町2-1-2

TEL　042-300-6860

ホームページアドレス　https://www.jctc.jp/

電話によるお問い合わせ応対時間　9：00～17：00

土・日曜日・祝祭日は休業日です。

表１　土木施工管理に関する実務経験として認められる工事種別と工事内容等

工事種別	工　事　内　容
河川工事	築堤工事，護岸工事，水制工事，床止め工事，取水堰工事，水門工事，樋門（樋管）工事，排水機場工事，河道掘削（浚渫工事），河川維持工事（構造物の補修）　等
道路工事	道路土工（切土，路体盛土，路床盛土）工事，路床・路盤工事，舗装（アスファルト，コンクリート）工事，法面保護工事，中央分離帯設置工事，ガードレール設置工事，防護柵工事，防音壁工事，道路施設等の排水工事，トンネル工事，カルバート工事，道路付属物工事，区画線工事，道路維持工事（構造物の補修）等
海岸工事	海岸堤防工事，海岸護岸工事，消波工工事，離岸堤工事，突堤工事，養浜工事，防潮水門工事　等
砂防工事	山腹工工事，堰堤工事，渓流保全（床固め工，帯工，護岸工，水制工，渓流保護工）工事，地すべり防止工事，がけ崩れ防止工事，雪崩防止工事　等
ダム工事	転流工工事，ダム堤体基礎掘削工事，コンクリートダム築造工事，ロックフィルダム築造工事，基礎処理工事，原石採取工事，骨材製造工事　等
港湾工事	航路浚渫工事，防波堤工事，護岸工事，けい留施設（岸壁，浮桟橋，船揚げ場等）工事，消波ブロック製作・設置工事，埋立工事　等
鉄道工事	軌道盛土（切土）工事，軌道路盤工事，軌道敷設（レール，まくら木，道床敷砂利）工事（架線工事を除く），軌道横断構造物設置工事，ホーム構築工事，踏切道設置工事，高架橋工事，鉄道トンネル工事，ホームドア設置工事　等
空港工事	滑走路整地工事，滑走路舗装（アスファルト，コンクリート）工事，滑走路排水施設工事，エプロン造成工事，燃料タンク設置基礎工事　等
発電・送変電工事	取水堰（新設・改良）工事，送水路工事，発電所（変電所）設備コンクリート基礎工事，発電・送変電鉄塔設置工事，ピット電線路工事，太陽光発電基礎工事　等
通信・電気土木工事	通信管路（マンホール・ハンドホール）敷設工事，とう道築造工事，鉄塔設置工事，地中配管埋設工事　等
上水道工事	配水本管（送水本管）敷設工事，取水堰（新設・改良）工事，導水路（新設・改良）工事，浄水池（沈砂池・ろ過池）設置工事，浄水池ろ材更正工事，配水池設置工事　等
下水道工事	本管路（下水管・マンホール・汚水桝等）敷設工事，管路推進工事，ポンプ場設置工事，終末処理場設置工事　等
土地造成工事	切土・盛土工事，法面処理工事，擁壁工事，排水工事，調整池工事，墓苑（園地）造成工事，分譲宅地造成工事，集合住宅用地造成工事，工場用地造成工事，商業施設用地造成工事，駐車場整備工事　等
農業土木工事	圃場整備・整地工事，土地改良工事，農地造成工事，農道整備（改良）工事，用排水路（改良）工事，用排水施設工事，草地造成工事，土壌改良工事　等
森林土木工事	林道整備（改良）工事，擁壁工事，法面保護工事，谷止工事，治山堰堤工事　等
公園工事	広場（運動広場）造成工事，園路（遊歩道・緑道・自転車道）整備（改良）工事，野球場新設工事，擁壁工事　等
地下構造物工事	地下横断歩道工事，地下駐車場工事，共同溝工事，電線共同溝工事，情報ボックス工事，ガス本管埋設工事　等
橋梁工事	橋梁上部（桁製作・運搬・架設・床版・舗装）工事，橋梁下部（橋台・橋脚）工事，橋台・橋脚基礎（杭基礎・ケーソン基礎）工事，耐震補強工事，橋梁（鋼橋，コンクリート橋，PC 橋，斜張橋，つり橋等）工事，歩道橋工事　等
トンネル工事	山岳トンネル（掘削工，覆工，インバート工，坑門工）工事，シールドトンネル工事，開削トンネル工事，水路トンネル工事　等
鋼橋構造物塗装工事	鋼橋塗装工事，鉄塔塗装工事，樋門扉・水門扉塗装工事，歩道橋塗装工事　等
薬液注入工事	トンネル掘削の止水・固結工事，シールドトンネル発進部・到達部地盤改良工事，立坑底盤部遮水盤造成工事，推進管周囲地盤補強工事，鋼矢板周囲地盤補強工事　等
土木構造物解体工事	橋脚解体工事，道路擁壁解体工事，大型浄化槽解体工事，地下構造物（タンク）等解体工事　等

※「解体工事業」は建設業許可業種区分に新たに追加されました。（平成28年６月１日施行）
※解体に係る全ての工事が土木工事として認められる訳ではありません。
※道路付帯設備塗装工事の道路標識柱塗装工事，ガードレール塗装工事，街路灯塗装工事，落石防止網塗装工事については，道路維持工事（構造物の補修）として認められます。

その他「土木施工管理（種別：土木）の実務経験として認められる工事種別・工事内容」

	工事種別	工　事　内　容
受検資格として認められる工事種別・工事内容	建築工事（ビル・マンション等）	PC ぐい工事，RC ぐい工事，鋼管ぐい工事，場所打ちぐい工事，PC ぐい解体工事，RC ぐい解体工事，鋼管ぐい解体工事，場所打ちぐい解体工事，建築物基礎解体後の埋戻し，建築物基礎解体後の整地工事（土地造成工事），地下構造物の解体後の埋戻し，地下構造物の解体後の整地工事（土地造成工事）　等
	個人宅地工事	PC ぐい工事，RC ぐい工事，鋼管ぐい工事，場所打ちぐい工事，PC ぐい解体工事，RC ぐい解体工事，鋼管ぐい解体工事，場所打ちぐい解体工事　等
	浄化槽工事	大型浄化槽設置工事（ビル，マンション，パーキングエリアや工場等大規模な工事）　等
	機械等設置工事	タンク設置に伴うコンクリート基礎工事，煙突設置に伴うコンクリート基礎工事，機械設置に伴うコンクリート基礎工事　等
	鉄管・鉄骨製作	橋梁，水門扉の工場での製作　等

表2　土木施工管理に関する実務経験とは認められない工事等

※実務経験証明書に下表の工事・業務内容等が記載されている場合は，実務経験としては認められません。
※申込後の実務経験証明書の書換・再提出は一切できません。

	工事種別	工　事　内　容
受検資格として認められない工事種別・工事内容	建築工事（ビル・マンション等）	躯体工事，仕上工事，基礎工事，杭頭処理工事，地盤改良工事，（砂ぐい，柱状改良工事等含む），薬液注入工事　等
	個人宅地工事	造成工事，擁壁工事，地盤改良工事，（砂ぐい，柱状改良工事等含む），薬液注入工事，建屋解体工事，建築工事及び駐車場関連工事，基礎解体後の埋戻し，基礎解体後の整地工事　等
	解体工事	建築物建屋解体工事，建築物基礎解体工事　等
	上水道工事	敷地内の給水設備等の配管工事　等
	下水道工事	敷地内の排水設備等の配管工事　等
	浄化槽工事	浄化槽設置工事（個人宅等の小規模な工事）　等
	外構工事	フェンス・門扉工事等囲障工事　等
	公園（造園）工事	植栽工事，修景工事，遊具設置工事，防球ネット設置工事，墓石等加工設置工事　等
	道路工事	路面清掃作業，除草作業，除雪作業，道路標識工場製作，道路標識管理業務　等
	河川・ダム工事	除草作業，流木処理作業，塵芥処理作業　等
	地質・測量調査	ボーリング工事，さく井工事，埋蔵文化財発掘調査　等
	電気工事 通信工事	架線工事，ケーブル引込工事，電柱設置工事，配線工事，電気設備設置工事，変電所建屋工事，発電所建屋工事，基地局建屋工事　等
	機械等設置工事	タンク，煙突，機械等の製作・塗装及び据付工事　等
	コンクリート等製造	工場内における生コン製造・管理，アスコン製造・管理，コンクリート２次製品製造・管理　等
	鉄管・鉄骨製作	工場での製作　等
	建築物及び建築付帯設備塗装工事	階段塗装工事，フェンス等外構設備塗装工事，手すり等塗装工事，鉄骨塗装工事　等
	機械及び設備等塗装工事	プラント及びタンク塗装工事，冷却管及び給油管等塗装工事，煙突塗装工事，広告塔塗装工事　等
	薬液注入工事	不同沈下建造物復元工事，建築物基礎補強工事　等

表3　「土木施工管理」に関する実務経験として認められない業務・作業等

土木工事の施工に直接的に関わらない以下のような業務などは含まれません。

- 工事着工以前における設計者としての基本設計・実施設計のみの業務
- 測量，調査（点検含む），設計（積算を含む）の業務
  ※ただし，施工中の工事測量は認める。
- 現場事務，営業等，保守・維持・メンテナンスの業務
- 研究所，学校（大学院等），訓練所等における研究，教育及び指導等の業務
- アルバイトによる作業員としての経験
- 工程管理，品質管理，安全管理等を含まない雑役務のみの業務，単純な労務作業等（単なる土の掘削，コンクリートの打設，建設機械の運転，ごみ処理等の作業，単に塗料を土木構造物に塗布する作業，単に薬液を注入するだけの作業等）

その他土木施工管理の実務経験とは認められない業務等は，全て受験できません。

❹ 第二次検定（令和４年度の例）

第二次

令和４年度
１級土木施工管理技術検定
第二次検定試験問題

次の注意をよく読んでから解答してください。

【注　意】

1. これは第二次検定の試験問題です。表紙とも６枚 11 問題あります。
2. 解答用紙の表紙に試験地，受検番号，氏名を間違いのないように記入してください。
3. 問題１～問題３は必須問題ですので必ず解答してください。
   問題１の解答が無記載等の場合，問題２以降は採点の対象となりません。
4. 問題４～問題11までは選択問題（1），（2）です。
   問題４～問題７までの選択問題（1）の４問題のうちから２問題を選択し解答してください。
   問題８～問題11までの選択問題（2）の４問題のうちから２問題を選択し解答してください。
   それぞれの選択指定数を超えて解答した場合は，減点となります。
5. 試験問題の漢字のふりがなは，問題文の内容に影響を与えないものとします。
6. 選択した問題は，解答用紙の選択欄に○印を必ず記入してください。
7. 解答は，解答用紙の所定の解答欄に記入してください。
   解答には，漢字のふりがなは必要ありません。
8. 解答は，鉛筆又はシャープペンシルで記入してください。
   （万年筆・ボールペンの使用は不可）
9. 解答を訂正する場合は，プラスチック消しゴムでていねいに消してから訂正してください。
10. この問題用紙の余白は，計算等に使用してもさしつかえありません。
11. 解答用紙を必ず試験監督者に提出後，退室してください。
    解答用紙は，いかなる場合でも持ち帰りはできません。
12. 試験問題は，試験終了時刻（16時00分）まで在席した方のうち，
    希望者に限り持ち帰りを認めます。途中退室した場合は，持ち帰りはできません。

必ず［注意］をよく読むこと。
読み落としのないようにして下さい。

※問題１～問題３は必須問題です。必ず解答してください。
問題１で
① 設問１の解答が無記載又は記入漏れがある場合，
② 設問２の解答が無記載又は設問で求められている内容以外の記述の場合，
どちらの場合にも問題２以降は採点の対象となりま

令和4年度は安全管理の問題

必須問題

必須問題です。

【問題　1】　あなたが経験した土木工事の現場において，その現場状況から特に留意した安全管理に関して，次の〔設問１〕，〔設問２〕に答えなさい。
〔注意〕　あなたが経験した工事でないことが判明した場合は失格となります。

〔設問１〕　あなたが経験した土木工事に関し，次の事項について解答欄に明確に記述しなさい。

〔注意〕　「経験した土木工事」は，あなたが工事請負者の技術者の場合は，あなたの所属会社が受注した工事内容について記述してください。従って，あなたの所属会社が二次下請業者の場合は，発注者名は一次下請業者名となります。
なお，あなたの所属が発注機関の場合の発注者名は，所属機関名となります。

(1) 工　事　名
(2) 工事の内容
　① 発注者名
　② 工事場所
　③ 工　　期
　④ 主な工種
　⑤ 施工量
(3) 工事現場における施工管理上のあなたの立場

安全管理に関する経験記述

〔設問２〕　上記工事の現場状況から特に留意した安全管理に関し，次の事項について解答欄に具体的に記述しなさい。
ただし，交通誘導員の配置のみに関する記述は除く。

(1) 具体的な現場状況と特に留意した技術的課題
(2) 技術的課題を解決するために検討した項目と検討理由及び検討内容
(3) 上記検討の結果，現場で実施した対応処置とその評価

—1—

必須問題です。

必須問題

安全管理に関する設問

【問題　2】
地下埋設物・架空線等に近接した作業に当たって，施工段階で実施する具体的な対策について，次の文章の［　　］の(イ)～(ホ)に当てはまる適切な語句を解答欄に記述しなさい。

(1) 掘削影響範囲に埋設物があることが分かった場合，その［(イ)］及び関係機関と協議し，関係法令等に従い，防護方法，立会の必要性及び保安上の必要な措置等を決定すること。

(2) 掘削断面内に移設できない地下埋設物がある場合は，［(ロ)］段階から本体工事の埋戻し，復旧の段階までの間，適切に埋設物を防護し，維持管理すること。

(3) 工事現場における架空線等上空施設について，建設機械等のブーム，ダンプトラックのダンプアップ等により，接触や切断の可能性があると考えられる場合は次の保安措置を行うこと。
　① 架空線等上空施設への防護カバーの設置
　② 工事現場の出入り口等における［(ハ)］装置の設置
　③ 架空線等上空施設の位置を明示する看板等の設置
　④ 建設機械のブーム等の旋回・［(ニ)］区域等の設定

(4) 架空線等上空施設に近接した工事の施工に当たっては，架空線等と機械，工具，材料等について安全な［(ホ)］を確保すること。

必須問題

必須問題です。

【問題　3】
盛土の品質管理における，下記の試験・測定方法名①～⑤から２つ選び，その番号，試験・測定方法の内容及び結果の利用方法をそれぞれ解答欄へ記述しなさい。
ただし，解答欄の（例）と同一内容は不可とする。

品質管理に関する設問

① 砂置換法
② RI法
③ 現場CBR試験
④ ポータブルコーン貫入試験
⑤ プルーフローリング試験

—2—

問題4～11は選択問題です。
これらのうちから，4問題を解答する。

問題４～問題11までは選択問題（1），（2）です。

※問題４～問題７までの選択問題（1）の４問題のうちから２問題を選択し解答してください。
なお，選択した問題は，解答用紙の選択欄に○印を必ず記入してください。

選択問題（1）

コンクリート工に関する設問

【問題　4】
コンクリートの打継目の施工に関する次の文章の［　　］の(イ)～(ホ)に当てはまる適切な語句を解答欄に記述しなさい。

(1) 打継目は，できるだけせん断力の［(イ)］位置に設け，打継面を部材の圧縮力の作用方向と直交させるのを原則とする。海洋及び港湾コンクリート構造物等では，外部塩分が打継目を浸透し，［(ロ)］の腐食を促進する可能性があるのでできるだけ設けないのがよい。

(2) コンクリートを水平に打ち継ぐ場合には，既に打ち込まれたコンクリートの表面のレイタンス，品質の悪いコンクリート，緩んだ骨材粒等を完全に取り除き，コンクリート表面を［(ハ)］にした後，十分に吸水させなければならない。

(3) 既に打ち込まれ硬化したコンクリートの鉛直打継面は，ワイヤブラシで表面を削るか，［(ニ)］等により［(ハ)］にして十分吸水させた後，新しいコンクリートを打ち継がなければならない。

(4) 水密性を要するコンクリート構造物の鉛直打継目には，［(ホ)］を用いることを原則とする。

—3—

第二次検定は，**経験記述（必須問題）**が１問，**学科記述（選択問題）**が10問出題（必須２問，選択８問）で，**６問解答**する形式で実施されます。

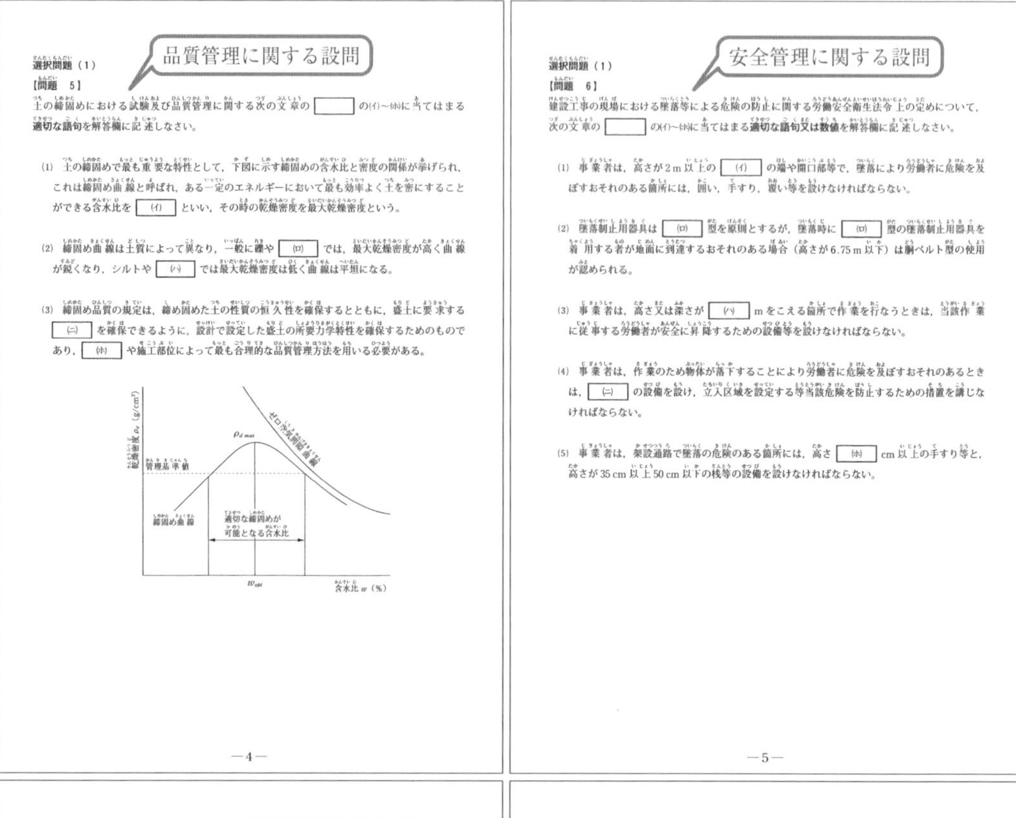

選択問題（1）

【問題 5】

土の締固めにおける試験及び品質管理に関する次の文章の □ の(イ)～(ホ)に当てはまる**適切な語句**を解答欄に記述しなさい。

(1) 土の締固めで最も重要な特性として，下図に示す締固めの含水比と密度の関係が挙げられ，これは締固め曲線と呼ばれ，ある一定のエネルギーにおいて最も効率よく土を密にすることができる含水比を (イ) といい，その時の乾燥密度を最大乾燥密度という。

(2) 締固め曲線は土質によって異なり，一般に礫や (ロ) では，最大乾燥密度が高く曲線が鋭くなり，シルトや (ハ) では最大乾燥密度は低く曲線は平坦になる。

(3) 締固め品質の規定は，締め固めた土の性質の恒久性を確保するとともに，盛土に要求する (ニ) を確保できるように，設計で設定した盛土の所要力学特性を確保するためのものであり，(ホ) や施工部位によって最も合理的な品質管理方法を用いる必要がある。

—4—

選択問題（1）

【問題 6】

建設工事の現場における墜落等による危険の防止に関する労働安全衛生法令上の定めについて，次の文章の □ の(イ)～(ホ)に当てはまる**適切な語句又は数値**を解答欄に記述しなさい。

(1) 事業者は，高さが2m以上の (イ) の端や開口部等で，墜落により労働者に危険を及ぼすおそれのある箇所には，囲い，手すり，覆い等を設けなければならない。

(2) 墜落制止用器具は (ロ) 型を原則とするが，墜落時に (ロ) 型の墜落制止用器具を着用する者が地面に到達するおそれのある場合（高さが6.75m以下）は胴ベルト型の使用が認められる。

(3) 事業者は，高さ又は深さが (ハ) mをこえる箇所で作業を行なうときは，当該作業に従事する労働者が安全に昇降するための設備等を設けなければならない。

(4) 事業者は，作業のため物体が落下することにより労働者に危険を及ぼすおそれのあるときは，(ニ) の設備を設け，立入区域を設定する等当該危険を防止するための措置を講じなければならない。

(5) 事業者は，架設通路で墜落の危険のある箇所には，高さ (ホ) cm以上の手すり等と，高さが35cm以上50cm以下の桟等の設備を設けなければならない。

—5—

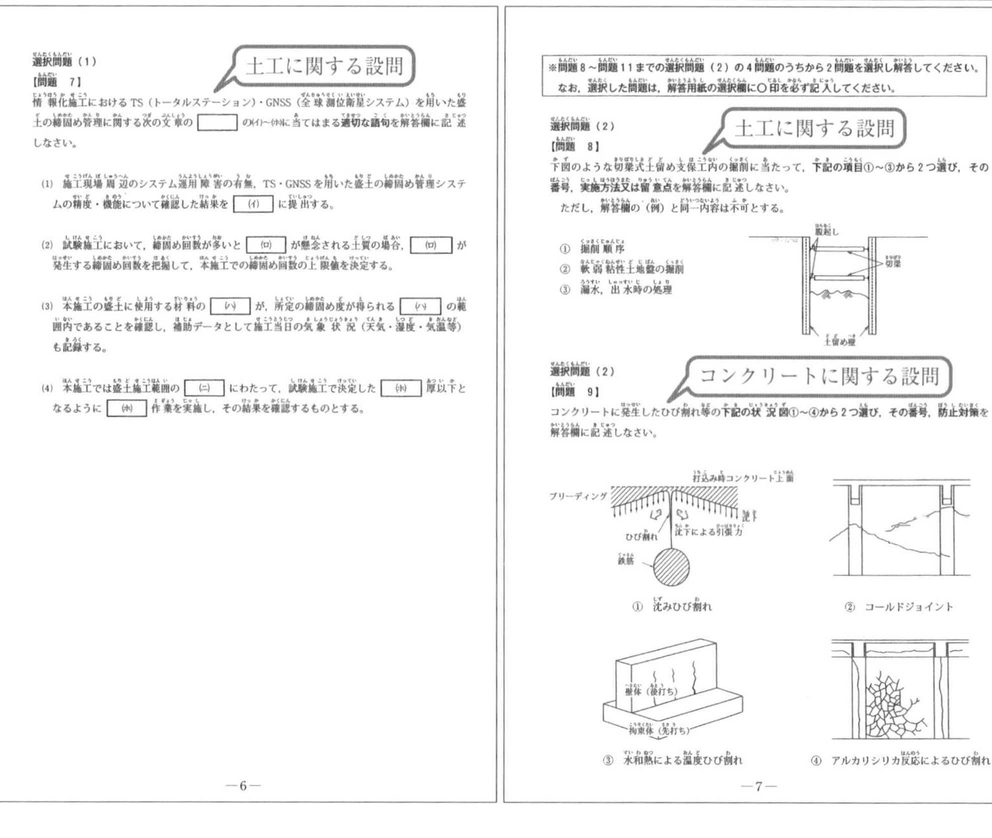

選択問題（1）

【問題 7】

情報化施工におけるTS（トータルステーション）・GNSS（全球測位衛星システム）を用いた盛土の締固め管理に関する次の文章の □ の(イ)～(ホ)に当てはまる**適切な語句**を解答欄に記述しなさい。

(1) 施工現場周辺のシステム運用障害の有無，TS・GNSSを用いた盛土の締固め管理システムの精度・機能について確認した結果を (イ) に提出する。

(2) 試験施工において，締固め回数が多いと (ロ) が懸念される土質の場合，(ロ) が発生する締固め回数を把握して，本施工での締固め回数の上限値を決定する。

(3) 本施工の盛土に使用する材料の (ハ) が，所定の締固め度が得られる (ハ) の範囲内であることを確認し，補助データとして施工当日の気象状況（天気・湿度・気温等）も記録する。

(4) 本施工では盛土施工範囲の (ニ) にわたって，試験施工で決定した (ホ) 厚以下となるように (ホ) 作業を実施し，その結果を確認するものとする。

—6—

※問題8～問題11までの選択問題（2）の4問題のうちから2問題を選択し解答してください。
なお，選択した問題は，解答用紙の選択欄に○印を必ず記入してください。

選択問題（2）

【問題 8】

下図のような切梁式土留め支保工内の掘削に当たって，**下記の項目①～③から2つ選び，その番号，実施方法又は留意点を解答欄に記述しなさい。**

ただし，解答欄の（例）と同一内容は不可とする。

① 掘削順序
② 軟弱粘性土地盤の掘削
③ 漏水，出水時の処理

選択問題（2）

【問題 9】

コンクリートに発生したひび割れ等の**下記の状況図①～④から2つ選び，その番号，防止対策**を解答欄に記述しなさい。

① 沈みひび割れ
② コールドジョイント
③ 水和熱による温度ひび割れ
④ アルカリシリカ反応によるひび割れ

—7—

安全管理に関する設問

選択問題（2）

【問題　10】

建設工事現場で事業者が行なうべき労働災害防止の安全管理に関する次の文章の①～⑥のすべてについて，労働安全衛生法令等で定められている語句又は数値の誤りが文中に含まれている。

①～⑥から5つ選び，その番号，「誤っている語句又は数値」及び「正しい語句又は数値」を解答欄に記述しなさい。

① 高所作業車を用いて作業を行うときは，あらかじめ当該高所作業車による作業方法を示した作業計画を定め，関係労働者に周知させ，当該作業の指揮者を届け出て，その者に作業の指揮をさせなければならない。

② 高さが3m以上のコンクリート造の工作物の解体等の作業を行うときは，工作物の倒壊，物体の飛来又は落下等による労働者の危険を防止するため，あらかじめ当該工作物の形状，き裂の有無，周囲の状況等を調査し作業計画を定め，作業を行わなければならない。

③ 土石流危険河川において建設工事の作業を行うときは，作業開始時にあっては当該作業開始前48時間における降雨量を，作業開始後にあっては1時間ごとの降雨量を，それぞれ雨量計等により測定し，記録しておかなければならない。

④ 支柱の高さが3.5m以上の型枠支保工を設置するときは，打設しようとするコンクリート構造物の概要，構造や材質及び主要寸法を記載した書面及び図面等を添付して，組立開始14日前までに所轄の労働基準監督署長に提出しなければならない。

⑤ 下水道管渠等で酸素欠乏危険作業に労働者を従事させる場合は，当該作業を行う場所の空気中の酸素濃度を18％以上に保つよう換気しなければならない。しかし爆発等防止のため換気することができない場合等は，労働者に防毒マスクを使用させなければならない。

⑥ 土止め支保工の切りばり及び腹おこしの取付けは，脱落を防止するため，矢板，くい等に確実に取り付けるとともに，火打ちを除く圧縮材の継手は重ね継手としなければならない。

環境保全に関する設問

選択問題（2）

【問題　11】

建設工事において，排出事業者が「廃棄物の処理及び清掃に関する法律」及び「建設廃棄物処理指針」に基づき，建設廃棄物を現場内で保管する場合，周辺の生活環境に影響を及ぼさないようにするための**具体的措置を5つ**解答欄に記述しなさい。

ただし，特別管理産業廃棄物は対象としない。

1. 経験記述

経験記述は，受験者が経験した土木工事について，工事名，工事の内容，施工管理上あなたの立場を記述させ，管理項目が出題され，その工事について，具体的な現場状況と特に留意した技術的課題，技術的課題を解決するために検討した項目と検討理由および検討内容，技術的課題に対して現場で実施した対応処置とその評価を700～800字程度で記述させる試験です。

出題される管理項目は，品質管理，工程管理，安全管理のいずれかです。最新10年間の出題項目の分析表を表4に示します。

表4 経験記述出題分析表

項目＼年度	令和				平成						回数
	4	3	2	元	30	29	28	27	26	25	
品質管理			○	○	○			○		○	5
工程管理											0
安全管理	○	○				○	○		○		5

平成22年は，単なる品質管理ではなく「当初計画と気象，地質，地下水，湧水等の自然的な施工条件が異なったことにより行った品質管理」という附帯条件がつきました。

自分の論文を精査し，臨機応変に対応可能にしておく必要があります。

2. 学科記述

学科記述は，平成26年までは5問出題され，各問題は2つの設問に分けられるかたちで10問出題されていましたが，平成27年以降は出題形式が変更になり，設問の区分けがなくなり，10問題として出題されています。

出題項目は，土工，コンクリート工，品質管理，安全管理，施工計画，建設副産物，環境保全です。最新10年間の出題項目を表5に示します。

表5 学科記述出題分析表

	項目＼年度	令和				平成					
		4	3	2	元	30	29	28	27	26	25
選択問題	土工	②	②	①	②	②	②	③	②	○	○
	コンクリート工	②	②	②	③	③	②	②	③	○	○
	品質管理	②	①	②	①	①	②	②	①	○	○
	安全管理	③	②	②	②	②	②	①	②	○	○
	施工計画		②	①	①	①	①	①	①	◐	◐
	建設副産物	①	①	①	①	①	①	①		◑	◐
	環境保全			①					①		

注. ○ 設問1，設問2とも，当該分野の問題
◑ 設問1が当該分野の問題，設問2が他分野の問題
◐ 設問2が当該分野の問題，設問1が他分野の問題
平成27年以降の○の中の数字は出題問題数

分析表に示すとおり，土工，コンクリート工，安全管理は毎年出題されています。この分野にしぼって勉強するのも一つの受験対策です。

❺ 第二次検定対策学習スケジュール

令和５年度（2023年度）の第二次検定は10月１日（日））に実施されるので，第一次検定の合格発表（令和５年度は８月９日）を待って準備にとりかかっては間に合いません。したがって，第二次検定の準備は，第一次検定が終わってほっとした，１週間後くらいから開始されることをお勧めします。

学習は，１週間ごとのステップに分け，消化することをお勧めします。参考として，表6に学習スケジュールの例を示しました。

表6に示したように，７月中旬から８月中旬は，経験記述の工事選びと資料の収集，記述草案の作成と添削受けと修正，他の管理項目の草案作成・暗記，８月中旬から９月中旬は，学科記述の学習（学科試験の復習），９月中旬～９月末までは，経験記述の最終仕上げ・暗記，最後の２週間くらいは，経験記述・学科記述とも試験時間に合わせて，３～４回（３～４年分の試験問題）に取り組んで下さい。

表6　学習スケジュールの例（例年の場合）

月	週	内容
7月	第1週	（第一次検定）
	第2週	経験記述を書こうとする工事の選定，正確な工事名，発注者名，工事場所，工期，主な工種とその施工量のデータを調査する。
	第3週	最も得意な管理分野で記述文の草案を作成する。（特に品質管理又は安全管理がベター）
	第4週	①　土木技術者（上司，先輩，すでに1級施工管理技士の資格を保有している同僚・友人）に添削をしてもらう。 ②　他の管理項目について草案を作成する。
	第5週	①　添削されたものを参考に，最初に作成した管理項目の最終案を作成する。 ②　他の管理項目も手を加え，必要があれば再度添削をお願いする。
8月	第1週	最終案の暗記を行う。
	第2週	学科記述の令和3年度問題を解答してみる。その結果，学科記述の学習する項目を4項目くらいに絞り込む。（試験は，必須2問題，選択で4問題解答する。）
	第3・4週	学科記述の学習 （第一次検定合格発表）
	第5週	経験記述の暗記度のチェック
9月	第1週	学科記述の学習
	第2週	（前週と同じ） 学科記述の学習
	第3週	（前週と同じ） 学科記述の学習
	第4週	試験当日の時間に合わせ，3～4回過去問に取り組む。結果の思わしくなかった項目に集中して復習する。
10月		試験日

第2編

施工経験記述の書き方

施工経験記述試験の目的は次のとおりです。

1．受験者の**工事経験が土木工事**であり，土木工事の**指導監督的立場**で管理の経験を有しているかを確認する。

2．受験者が経験した土木工事について，1級土木施工管理技士としてふさわしい**現場での課題に対して技術的判断を行った実務経験**が適切であるかを確認する。

 施工経験記述で評価される重要ポイント

1．土木工事の実務経験を有していると認められること

① 施工経験記述は受験者の**土木工事の経験を記述**するものである。記述内容が良くても資格にふさわしい実務経験として認められなければ評価を得ることができない。記述する工事が，土木工事として認められるか判断しかねるときは試験機関である「一般財団法人全国建設研修センター」「受験の手引」に記載されている，「土木施工管理に関する実務経験として認められる工種別・工事内容等」および「土木施工管理に関する実務経験とは認められない工事等」の表に照らし合わせて確認する（本書のp. 7表5，p. 8表6を参照）。

② 施工経験記述で合格点をとるためには，**指導監督的立場**で工事の技術面を総合的に管理した経験について記述する。技術的内容が記述されていない施工の説明や論点がずれている記述では，高い評価を得ることができない。

2．記述全般の注意点

① 受験者の施工経験から課題に合わせた現場を選定する。事前の準備として，設計図書，契約書，施工計画書などを用意し必ず読んでおくとよい。

② 施工経験記述の全般の注意事項は，下表のとおり。

留意項目	注意事項
文章	・文字は極端に大きい，または小さくならないように，解答欄の行の罫線高さに合う程度の大きさで書く。 ・文字は採点者が読みやすいよう字が下手でも丁寧に書く。なぐり書きはしないこと。 ・鉛筆やシャーペンはある程度太く，濃く書けるものを使用する。 ・誤字，脱字，あて字，崩し字，略字に注意する。漢字を忘れた場合はひらがなで書く。 ・文章は論旨が曖昧にならないよう簡潔に書く。長文にならないように注意する。 ・専門用語は法令，公的機関から発行されている要綱等で使用されている用語を使用し，現場や地域特有の用語は使用しない。 ・「最大限，大幅な，重要な，著しく」等の誇張した表現や「非常に○○である，最低限の○○，迅速に」などに曖昧な用語は使用しない。できるだけ数値などで具体的に説明する。 ・文章は書いて終わりではない。読んでもらって，わかってもらって終わりである。
構成	・記述スペースをすべて埋めることが望ましいが，概ね9割程度は記述する。 ・指定されている行数を超えて記述しないこと。 ・関連文章は改行せず続けて記述し，文章の大きな区切りで改行する。 ・文の最初と改行後の次の文章の書き出しは1文字あける。 ・文章の終わりには「。」を付け，必要な箇所には「，」を付ける。声に出して読む場合，息を吸うタイミングを目安として「，」を付けても良い。 ・技術論文なので全体で統一し，「である」調で記述する。 経験した工事なので過去形で記述する。 ・論点を明確にする上で，箇条書きを使用すると効果的である。箇条番号を使用する場合は丸番号（①②・・）とする。
論点	・設問2では（1）（2）（3）に記載されている事項は必ず記述すること。 ・技術的課題は1つに絞り，複数設定しない。 ・技術的課題を一貫して論じて，必ず解決すること。課題に書かれていないことを検討内容に書かない。 ・施工者側の理由による施工不良や失敗，調整不足，工期の遅れなどは課題として好ましくない。現場状況や工事の特徴から発生する課題設定を行うこと。 ・検討内容に書かれていないことを，対応処置に書かない。

❷ 出題形式

必須問題である問題１は，例年次のような形式で出題されている（下記は令和４年の問題）。

【問題　1】　あなたが経験した土木工事の現場において，その現場状況から特に留意した安全管理に関して，次の〔設問１〕，〔設問２〕に答えなさい。

〔注意〕　あなたが経験した工事でないことが判明した場合は失格となります。

〔設問１〕　あなたが**経験した土木工事**に関し，次の事項について解答欄に明確に記述しなさい。

〔注意〕　「経験した土木工事」は，あなたが工事請負者の技術者の場合は，あなたの所属会社が受注した工事内容について記述してください。従って，あなたの所属会社が二次下請業者の場合は，発注者名は一次下請業者名となります。

なお，あなたの所属が発注機関の場合の発注者名は，所属機関名となります。

⑴　**工事名**

⑵　**工事の内容**

①　**発注者名**

②　**工事場所**

③　**工期**

④　**主な工種**

⑤　**施工量**

⑶　**工事現場における施工管理上のあなたの立場**

〔設問２〕　上記工事の**現場状況から特に留意した安全管理**に関し，次の事項について解答欄に具体的に記述しなさい。

ただし，交通誘導員の配置のみに関する記述は除く。

⑴　**具体的な現場状況**と特に留意した**技術的課題**

⑵　技術的課題を解決するために**検討した項目と検討理由及び検討内容**

⑶　上記検討の結果，**現場で実施した対応処置とその評価**

必須問題である【問題１】は，問題１に解答しなければ不合格となる，という重要な注意が書かれています。

※問題1は必須問題です。必ず解答してください。

問題1で

① 設問1の解答が無記載又は記入漏れがある場合,

② 設問2の解答が無記載又は設問で求められている内容以外の記述の場合,

どちらの場合にも問題2以降は採点の対象となりません。

❸ 出題傾向

① 問題1は,「あなたが**経験した土木工事**の現場において,その現場状況から特に留意した○○**管理**に関して,次の〔設問1〕〔設問2〕に答えなさい」という形式で出題される。

② 設問1は,経験した工事について施工概要と施工管理上の自分の立場を記入する。

施工概要は,1級土木施工管理技士としてふさわしい内容であることが求められる。小規模工事や短期間の工事を避け,適当な規模の工事を選定する。

③ 設問2は,設問1で記入した工事について,出題された施工管理について,「技術的課題」→「検討」→「対応・処置」と3段論法の形式で,以下の(1)(2)(3)について,求められている内容を行数にあわせて記述する。

近年の3項目と行数は,次のとおりである。

(1) 具体的な現場状況と特に留意した技術的課題 ⇨ 7行

(2) 技術的課題を解決するために検討した項目と検討理由及び検討内容 ⇨ 10行

(3) 上記検討の結果,現場で実施した対応処置その評価 ⇨ 10行

記述量不足や記述が枠外に出てしまうことがないように,文章の割り付けなどに注意する。なお,記述行数は,年度によって異なる場合があるので注意する。

④ 最新10年間の施工管理の課題を下表に示す。

課題	R4	R3	R2	R1	H30	H29	H28	H27	H26	H25
品質管理			●	●	●			●		●
安全管理	●	●				●	●		●	
工程管理										

 施工経験記述の書き方

1．〔設問1〕経験した土木工事の概要の書き方

工事全体を俯瞰（ふかん）し，読み手（試験官）がその工事全体をイメージできるように内容を記述する。

(1) 「工事名」の書き方

工事名	

① 工事を選定する場合，**小規模工事や短期間の工事の選定はさける。**
② 工事名は土木工事であることが判断できるように記入する。
③ 工事名には，工事が特定できるように路線名，河川名，地区名，工事の種類（舗装工事，護岸工事，橋梁下部工事など）を記入する。
④ 土木工事であるとの判断ができないような建築工事や民間工事の工事名は，工事対象が土木工事であることの「基礎工事」「擁壁工事」などを併記する。
⑤ 発注者の発注番号など，工事名が長くなるようなら記入しなくてもよい。
⑥ 発注年度は，工期欄に記入するので，書かなくてもよい。

（悪い例）	（良い例）
道路整備工事	県道○○線○○地区道路整備その１工事
高架橋下部工工事	○○道○○高架橋下部工その２工事
○○川災害復旧工事	○○川○○地区低水護岸復旧工事
配水管布設工事	○○地区○－○号配水管布設替工事
○○ビル新築工事	○○ビル新築工事（基礎工事）
○○公園整備工事	○○公園整備工事（擁壁工事）

(2) 「工事の内容」の書き方

①	発注者名	

① 発注者名は問題用紙の注意に次のとおり記載されている。

> 「経験した土木工事」は，あなたが工事請負者の技術者の場合は，あなたの所属会社が受注した工事内容について記述してください。したがって，あなたの所属会社が二次下請業者の場合は，発注者名は一次下請業者名となります。
> なお，あなたの所属が発注機関の場合の発注者名は，所属機関名となります。

② 施工体系を確認して，発注者名を記入する。
記入例は次のとおりである。
A）発注者の所属の場合，発注者名は「○○県Ａ事務所」と記入。
B）元請会社に所属の場合，発注者名は「○○県Ａ事務所」と記入。
C）１次下請会社に所属の場合，発注者名は「Ｂ建設株式会社」と記入。
D）２次下請会社に所属の場合，発注者名は「株式会社Ｃ土建」と記入。

発注者
○○県Ａ事務所
↓
元請会社
Ｂ建設株式会社
↓
１次下請会社
株式会社Ｃ土建
↓
２次下請会社
株式会社Ｄ興業

③ 発注者名は正式名称を記入し，担当部課などまで正確に記入する。略称を用いる場合は，発注者が特定できるように記入する。

（悪い例）	（良い例）
国土交通省	国土交通省○○地方整備局○○国道（河川）事務所
○○県	○○県○○事務所
○○市	○○市○○課
○○建設	株式会社○○建設○○支店
UR	UR 都市機構○○支社
JR	JR ○日本○○部

②	工事場所

工事場所は，経験した土木工事の場所を，都道府県名から番地まで記入する。番地が不明な場合は，「・・・地内」，「・・・・地先」などを必ず記入する。

（悪い例）	（良い例）
○○県○○市	○○県○○市○○町○丁目12-34
○○郡○○町	○○県○○郡○○町○○地内
○○港	○○県○○市○○町○○地先

③	工　期

① 試験前には工事が完成していること。

② 契約書や注文書に書かれている工期を記入する。下請工事の場合は下請部分の工期を記入する。

③ 短い工期の工事は相応しくないので，３か月以上の工事を選ぶ。施工量と工期の整合性に注意する。

④ 古い工事は相応しくないので，過去３年以内の工事を選び，古くても過去５年程度とする。

⑤ 工期は開始日と終了日の両方に元号または西暦を使用して年月日を記入する。

（悪い例）	（良い例）
・令和元年６月～12月	令和元年６月１日～令和元年12月10日
・５/12～８/31	令和元年５月12日～令和元年８月31日
・2018.11.20～2019.2.26	平成30年11月20日～平成31年２月26日

④	主な工種

① 工事の全体がわかるように工種を選定し，解答側に合わせ，3～4工種程度記入する。契約書や注文書に記載されている全ての工種を書く必要はない。
② 〔設問2〕で記述する技術的課題の工種は必ず記入する。
③ 主な工種には数量を記入しない。
④ 下請工事の場合は，請け負った工事が単工種の場合，仮設工などの付帯工も記入する。

（悪い例）	（良い例）
・道路工事	側溝工，路盤工，アスファルト舗装工
・函きょ工	掘削・埋戻し工，土留め工，ボックスカルバート工
・基礎工	場所打杭工，仮設工
・護岸工	土工，根固めブロック工，張りブロック工
・下水道管布設工	溝掘削工，埋戻し工，管布設工，舗装復旧工
・橋梁上部工	桁製作工，桁架設工，床版工，塗装工
・標識設置工	土工，基礎工，標識設置工
・堰堤工事	土工，堰堤本体工，仮排水路工

⑤	施工数量

① 主な工種に合わせて施工量を枠内に収まる程度でできるだけ詳細に記入する。
② 施工量には必ず規格，単位を記入する。形状，寸法などがあるとわかりやすい。
③ 工期と施工量の整合性に注意する。
④ 設問2の(1)具体的な現場状況で説明する工事概要（工事目的物や材料などの規格，形状，寸法等）をここに記入しておくと，設問2(1)の文字数を節約できる。

（悪い例）	（良い例）
・アスファルト舗装850 m^2	・アスファルト舗装850 m^2　表層 t ＝ 5 cm 基層 t ＝10 cm
・側溝工150 m	・長尺 U 字溝設置（300×300）L ＝150 m
・マンホール設置 7 基	・マンホール設置　内径900 mm　7 基
・コンクリート450 m^3	・コンクリート打設（21N/mm^2）　450 m^3
・地盤改良工6500 m^3	・深層混合処理 ϕ1600 mm　L ＝11.5 m　280本
・鋼矢板10 m　250枚	・鋼矢板打設Ⅲ w 型×10 m　250枚
・桁架設1000 t	・ 3 径間連続鋼床版箱桁橋 L ＝177 m　鋼重1000 t
・基礎杭45本	・PHC 杭 ϕ1000 mm　L ＝20 m　45本
・配水管布設120 m	・配水管布設（鋳鉄管）NS 型 ϕ200 mm　L ＝120 m

(3) 「工事現場における施工管理上のあなたの立場」の書き方

立　場	

① 施工管理で指導監督者の立場を記入する。
② 会社の役職名（係長，課長など）や資格名（作業主任者など）は記入しない。
③ 工事主任，現場代理人，主任技術者，発注者監督員などを記入する。

(悪い例)	(良い例)
・現場監督	・工事主任または主任技術者
・現場担当者	・工事主任または主任技術者
・○○作業主任者	・工事主任または主任技術者
・職長	・工事主任または主任技術者
・現場所長	・現場代理人または主任技術者
・土木工事主任	・現場代理人または主任技術者
・監督員	・発注者側監督員
・発注者担当者（発注者設計担当者）	・発注者側監督員

(4) 土木施工管理に関する実務経験として認められる従事した立場

受検資格として認められる工事に携わった時の立場	
従事した立場	○施工管理（請負者の立場での現場管理業務）→工事主任，現場代理人，施工管理係　等 ○施工監督（発注者の立場での工事監理業務）→発注者側監督員　等 ○設計監理（設計者の立場での工事監理業務）→工事監理　等

2〔設問2〕経験した施工経験記述の書き方

(1) 「具体的な現場状況と特に留意した技術的課題」の書き方

① 指定行数内に「工事の概要」「留意した技術的課題」「技術的課題の原因となった現場状況」を具体的に記述する。

② 課題の設定では，現場の状況を踏まえて，課題が生じた原因・要因，を具体的かつ明確に述べる。

③ 工事概要を記入する場合は，〔設問1〕に記入した主な工種，施工数量の繰り返しにならないよう注意する。

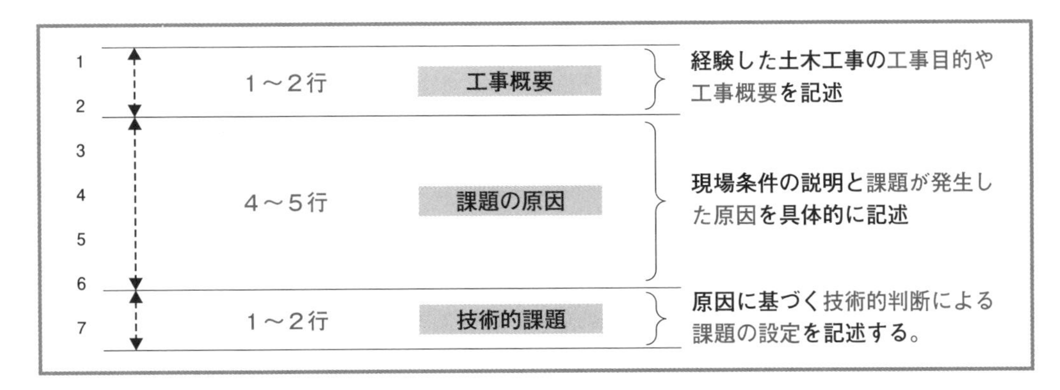

④〔設問1〕に記入した主な工種，施工量を踏まえて，くり返しにならないよう注意して記述する。

例1）「本工事は，○○市の住宅地の浸水被害をなくすために，雨水管渠 φ900 mm を開削工事により延長101 m の新設である。」
例2）「本工事は，県道○号線の○○交差点に右折レーンを新設するため，水田を用地買収して3m を拡幅するものであった。」
例3）「本工事は，県道○○号線の○○橋の老朽化による架け替えで，下部工の橋脚 H＝8.2 m　1基と，橋台 W＝8.5 m，H＝5.6 m　1基を新設するものである。」
例4）「本工事は，○○工業団地の造成で，盛土の円弧すべりを防止するため，深層混合処理 φ1600　H＝16 m　285本を施工するものである。」

⑤ 課題の原因では，工事の特徴である現地条件や工法の特徴について記述し，課題が発生した原因を具体的に記述する。

⑥ 現地条件や工事の特徴から，調査や条件の数値など，できるだけ具体的に技術的判断を記述する。状況説明だけにならないように注意する。

例1）「現場は○○駅前の商店街であり，施工箇所の道路幅員は5mと狭く・・・」
例2）「拡幅の用地は水田であり，・・・スウェーデン式サウンディング試験の結果では2m まで軟弱地盤・・・・」
例3）「現場は山間部にあり，最低気温は－5℃・・・」
例4）「現場の施工基面は砂質土での盛土であり，地盤改良機の自重100 t・・・」

⑦ 技術的課題は，指定されている施工管理に対して技術的判断を伴っているか注意する。

例1）「交通規制延長と歩行者通路を2m 以上確保することが課題となった。」
例2）「CBR 値○％を確保することが課題となった。」
例3）「養生区域の養生温度を5℃以上にすることが課題となった。」
例4）「転倒を防止する，地盤支持力○○ kN/m^{2}を確保することが課題となった。」

⑧ 技術的な課題の原因が施工条件ではなく，施工者側の施工不良を原因とした記述はしない。「工程管理」の課題に「事故の発生による遅延」や「品質管理」,「安全管理」に「施工ミス」などを書かないこと。

⑨ 「当初設計」と現場条件との差異が明確になり課題が発生したことの課題はよいが，**「設計間違い」の指摘は課題としない。**

⑵ 「技術的課題を解決するために**検討した項目と検討理由及び検討内容**」の書き方

① **技術的課題を解決**するために検討した，検討項目，検討理由，検討内容を記述する。

② 検討項目は，できるだけ箇条書きで記述するとよい。

③ ここでは，検討内容と理由を記述する。**「対応処置」まで書かない**よう注意する。

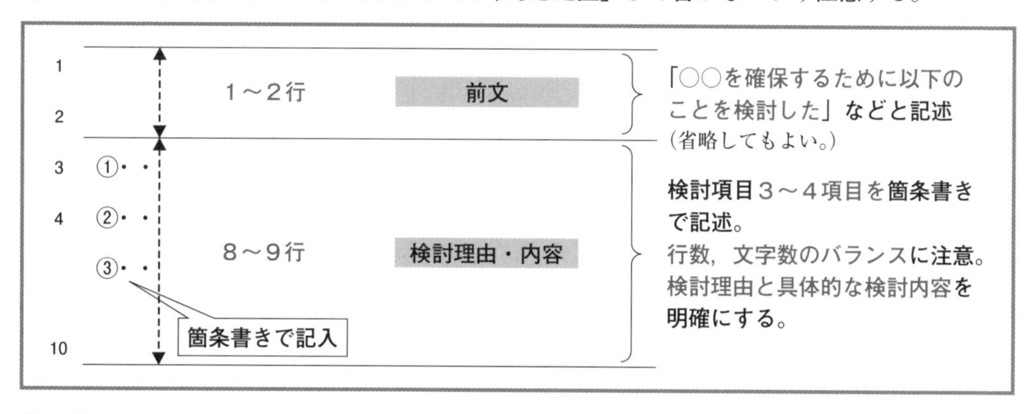

④ 検討内容は，必ず「対応処置」で解決するようにする。

⑤ 「対応処置」の指定行数と同じなので，「対応処置」の記述量に注意して記述する。

⑥ 「十分に」「確実に」「配慮する」などのあいまいな表現は避ける。技術的な検討項目について，**必ず具体的な検討内容を記述する。**

⑦ **補助工法**の追加や**工法の比較，調査・調整方法**などを記述する。

⑧ １行目に「～以下を検討した。」と書いてあれば，検討項目ごとに「～検討した。」と書かなくてよい。

> 例１）「道路幅員５ｍにおける掘削機械と交通規制方法を，発注者，警察と協議して検討した。」
> 例２）「拡幅部の軟弱地盤を地盤改良するために，セメント改良を検討した。」
> 例３）「コンクリートの打設時に，養生温度を確保する仮設備を検討した。」
> 例４）「施工ヤードの地耐力を確保するために，スウェーデン式サウンディング試験の結果○○より地盤改良の検討を行った。」
> 例５）「クレーンヤードの安全を確保するため地盤改良とズリ置換えを比較検討した。」
> 例６）「排水工の工事期間を短縮するため，作業班数の増加を検討した。」

例7）「工事期間を10日短縮するため，1日1000 m^3掘削する機械の配置方法と台数を検討した。」
例8）「場所打ち杭の杭頭部の出来形を確保するために，余盛り高さを検討した。」

(3) 「上記検討の結果，**現場で実施した対応処置とその評価**」の書き方

① 技術的な課題を解決するために行った**検討結果による対応処置**を，技術的・具体的に記述する。

② 令和4年度の出題では，指定行数は10行であった。(2) で箇条書きにした場合は，番号を整合させる。検討した項目に対して具体的に対応処置とその効果があったことがわかるように記述する。

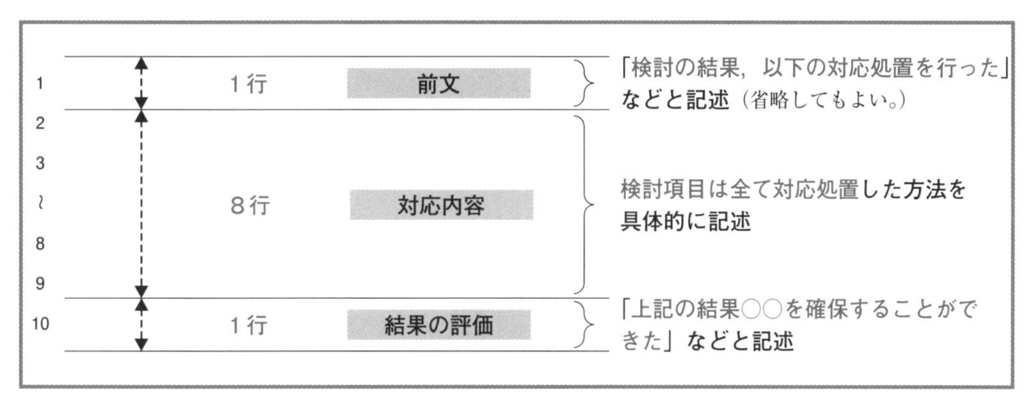

③ 対応処置では，技術的な課題に対して解決できた具体的内容を記述する。対応処置の各項目には，**工法や手順などを明確にして数値や具体的な方法と結果**を明記する。「確実に」「十分に」などのあいまいな表現をしない。

④ 検討結果と組み合わせて1つの対応処置として記述してもよい。

⑤ 課題設定や検討内容に記述されていない対応処置を記述しない。

例1）「発注者と警察との協議の結果，0.25 m^3バックホウを使用して掘削延長を10 m とし，2 m の歩行者通路を確保した。」
例2）「配合試験により，六価クロム対策型のセメント系固化剤を添加量○○ kg/m^3の地盤改良を行った。」
例3）「養生区域の足場全体をブルーシートで二重に覆い，ダクト型ジェットヒーター2台で全体に給熱することで，全域の養生温度を5℃以上に確保できた。」
例4）「施工基面の1 m をセメント系固化剤により添加量○○ kg/m^3で地盤改良することで，必要地耐力○○ kN/m^2を確保した。」
例5）「排水工の施工を上下線に分割して2班施工とすることで，工事期間を15日短縮することができた。」

例6）「仮設道路に敷き鉄板を40枚増設し掘削箇所を2箇所とし，0.7 m^{3}バックホウを2台配置して必要掘削量である1日1000 m^{3}を確保した。」
例7）「クレーンヤードを0.5 m ズリにより置換えを行い，敷き鉄板を併用することで，安全なクレーン作業ヤードを確保することができた。」
例8）「場所打ち杭の杭頭部の余盛りを1.5 m とすることで，ϕ800の杭径出来形を確保することができた。」

⑥ 設問で指定された施工管理の結果であることを確認する。

⑦ 「対応処置」を行ったことで最終的に課題が解決できたことを，「上記の結果○○日の工期短縮を行い，工事を完成することができた。」などその評価を最後の行に記入する。

3. 各施工管理に対する注意点

(1) 品質管理

品質管理とは，工事目的物が設計図書などで規定されている性能や品質を満足するように施工において必要な対策や処置を行うよう管理することです。

このうち，工事目的物の位置，形状寸法を確保するものを出来形管理という。

品質管理では，設計図書に示された工事目的物の品質を確保するための方策を記述する。

仮設工の土留支保工や足場工など，最終的には撤去されて，現場に残らないものは品質管理の経験記述には不向きである。

(2) 安全管理

安全管理とは，施工の従事者，現場周辺の住民の生命，財産を事故や災害から，予防するため，施工の安全を確保する方法を計画し，実施管理することです。災害の発生後の緊急時の対応や救急設備の準備は安全管理ではない。

課題の設定では複数の災害を設定しないで，現場の条件，特徴の中で重要度が高い災害予測を1つ設定する。

課題は「第三者災害」「重機災害」「墜落災害」など漠然とした内容ではなく，現場の状況がわかる「商店街の歩行者」「法面作業での重機の転倒」「高さ○○ m の足場からの墜落」などと具体的に設定する。

最後の結果には「無災害で工事を完成できた」「○○事故を防止することができた」などの結果を記述する。

(3) 工程管理

工程管理とは，施工計画に基づき工期内に工事を竣工させるため，着工から完成に至るまでの工程を決定し，必要な修正を行い工事の進捗を管理することである。

工程管理では，施工計画に比べて工程が遅れた場合の原因と，遅れを取り戻すための課題およびその対策・処置について「工期内完成」か「工期短縮」かを，明確に記述する。

課題設定では，遅れ等の原因を，施工不良による手戻り，事故防止対策や自社内に原因がある事故やミスによる遅れなどとしない。

事故防止対策は安全管理である。

課題と結果には，「○日の短縮が必要」「○○日間の短縮を行った」のように**日数を明記**する。

工期を短縮する方法として「工程調整」「工程会議」などは具体性がないので，必ず「調整して○○を行った」「工程会議により手順を見直し○○を先行した」など具体的な内容を記述する。

4. 過去に出題された施工管理に対する注意点

問題1の課題として最近10年間は，安全管理，品質管理．工程管理だけが出題されている。しかし，上記3課題のほか，次に示す課題も出題される可能性があるので，それぞれについて，注意点をのべる。

(1) 施工計画

施工計画では過去に「仮設計画」の出題があった。仮設計画を行う上で，「**品質**」「**出来形**」「**安全**」「**工程**」「**環境**」など具体的に**課題を設定**する必要がある。そのうえで，その解決に必要な「型枠支保工」「土留め」「防音設備」などの**仮設備を計画し，設置したことで解決できたことを記述**する。

(2) 出来形管理

出来形管理では，広義では「出来栄え」として仕上げなども含まれるが，基本的には設計図書で示された**工事目的物の位置**，形状寸法（幅，高さ，長さ，厚さなど）が**出来形管理基準を満足**していることを記述するものである。

社内規格値の設定では，それが必要な理由を明記して課題設定を行うこと。単純に，精度向上だけでは出来形管理の課題として不十分である。

施工条件，現場状況から発生する問題や，**前工程の出来形が後工程の出来形に影響**することなどを課題として設定するとよい。また，**出来形は主要部が望ましい**。

出来形管理基準値の規格値と単位も間違えないよう，確認して覚えておくこと。

(3) 環境管理

環境管理は，現場施工に伴い発生する「騒音・振動」「濁水」「地盤沈下」「地下水位低下」などに対し，1つを選び，発生源を明記して抑制の対策を記述する。

建設副産物，産業廃棄物についても環境管理ではあるが，テーマで指定されている場合を除き，課題として設定しないほうがよい。

建設副産物や産業廃棄物の指定がある場合は，法令義務を遂行するための検討内容と対応処置を記述する。

「CO_2の削減」などの社会活動や「アイドリングストップ」など法令や条例で定められているもの，「近隣からの苦情」などは，課題設定しない。

5．施工経験の記述ポイント

	品質管理	安全管理	工程管理
(1)技術的課題	①路床・路盤の品質確保 ②舗装の品質確保 ③盛土の品質確保 ④コンクリートの品質確保 ⑤打継目等構造物の接合の品質確保 ※品質管理基準に伴う課題 最後の行に技術的課題として「(例) ○○工の品質管理基準値○○を確保することが課題となった。」など，取り上げる品質事項を明確に記述する。	①作業中の事故防止 ②施工機械の事故防止 ③仮設構造物および施工の安全確保 ④通行者の安全確保 ⑤一般車両との事故防止 ※事故防止の観点で課題設定 最後の行に技術的課題として「(例) ○○工における○○事故を防止することが課題となった。」など，取り上げる事項を明確に記述する。	①各工程の短縮による工期内完成の確保 ②各工程の工程短縮による工程の確保 ③関連工事との相互調整 ※工期内完成か工程短縮の施工日数の課題 最後の行に技術的課題として「(例) ○○の工程を○○日短縮することが課題となった。」など，取り上げる工程管理事項を明確に記述する。
(2)検討内容	(1) 使用材料 ①材料の良否の管理 ②材料の温度管理 ③材料の追加，変更 ④材料の保管・取り扱い (2) 使用機械 ①機械と材料との適合 ②機械能力の適正化 ③施工中の測定の追加 ④ GNSS による盛土の締固め管理 (3) 施工法 ①敷均し厚，仕上げ厚 ②締固め・養生の方法 ③補助工法の追加 ④仮設備の適正化 (4) 施工管理 ①品質管理試験の管理 ②チェック管理の強化	(1) 使用材料・設備 ①仮設備の設置・点検 ②仮設材料の安全性の点検 ③保安設備の適正化 (2) 使用機械 ①使用機械の転倒防止 ②機械との接触防止 ③機械の日常・使用前点検 ④使用機械の適正化 (3) 施工法 ①仮設備の明確化 ②立入禁止措置 ③安全管理体制の強化 (4) 施工管理 ①安全教育の実施 ②施工手順の徹底	(1) 使用材料・設備 ①材料の製作日数を短縮 ②工場２次製品の利用で短縮 ③使用材料の変更で短縮 ④早強セメントの使用で短縮 (2) 使用機械 ①機械の大型化で短縮 ②使用台数の増加で短縮 ③機械の組合せで短縮 (3) 施工法 ①早期着工で日数確保 ②施工箇所の複数化 ③施工班の増加・並行作業 ④時間外労働の増加 ⑤工法の改良，平準化 (4) 施工管理 ①工程調整，管理方法 ②重点管理事項
(3)対応処置とその評価	①対応処置の書き方 (1) の技術的課題を解決するために，(2) の検討内容で記述したこと（使用した材料，機械，要員，施工法など）を順次示す。 ②最後に「その結果○○が確保できた。」という文で結ぶ。 ③○○は，(1) 技術的課題としてとりあげた事項の○○と一致していること。		
	④評価の文の書き方 【例】「所定の品質管理値○○を確保することができた。」	④評価の文の書き方 【例】「○○における○○事故を防止して，無事故で完成した。」	④評価の文の書き方 【例】「合計○○の短縮により工期内完成ができた。 【例】「○○工の工程を○日短縮することができた。」

第3編

施工経験記述文例集

■ 品質管理
■ 安全管理
■ 工程管理

（注） 本書の経験記述の文例では，工事名・発注者名・工事場所等について，具体名ではなく記号で表記している。本試験では，実際に経験した工事について具体的に，かつ明確に記入すること。

1	管理	品質管理	工事	土工	工種	盛土工	課題	盛土の品質管理

【問題1】あなたが経験した土木工事の現場において，その現場状況から特に留意した品質管理に関して，次の〔設問1〕，〔設問2〕に答えなさい。

〔注意〕あなたが経験した工事でないことが判明した場合は失格となります。

〔設問1〕 あなたが**経験した土木工事**について，次の事項を解答欄に明確に記入しなさい。

(1) **工 事 名**

工 事 名	F県H町H地区用地造成工事

(2) **工事の内容**

①	発注者名	F県T土木事務所
②	工事場所	F県H町H地区内他
③	工　期	令和元年9月20日～令和2年12月25日
④	主な工種	宅地造成工 区画内道路新設工
⑤	施 工 量	用地造成盛土　面積 64,000 m² 土量 49,000 m³ 区画道路　幅員 12 m　総延長 400 m

(3) 工事現場における施工管理上の**あなたの立場**

立　場	現場代理人

〔設問２〕上記工事の**現場状況から特に留意した品質管理**に関し，次の事項について解答欄に具体的に記述しなさい。

(1)　**具体的な現場状況**と特に留意した**技術的課題**

本工事は，東日本大震災の津波で被災した畑・水田などの農地 4.5 ha を盛土し，復興のための商業用地および宅地とするものである。

盛土に使用する土は 3.5 km ほど離れた県有地の山を切崩してその土を使用することとなっていた。この現地採取の盛土材は，土質試験より最大乾燥密度 1.3 ～ 1.4 g/cm^3, 塑性図より，シルト（高液性限界）で，かつ，スレーキングする土であることが判明した。

このため，盛土の品質を確保するための締固め管理が課題となった。

(2)　技術的課題を解決するために**検討した項目と検討理由及び検討内容**

現地採取土による盛土の品質を確保するため，以下を検討した。

①現地採取土について，現場密度試験と土質性状から締固め度管理は出来ないと判明した。このため，高速道路総合技術研究所のデータなども参照し，空気間隙率など他の管理基準値の採用について。

②現地採取のスレーキング性の土は，水分を含むと崩壊し，転圧により泥ねい化し，トラフィカビリティの確保もできなくなる。このため，降雨時の採取・運搬及び転圧の方法について。

③スレーキング性の土での広い面積の締固めが，管理基準値内に収まっているか，毎日判定することにした。このために，現場で迅速に数値で把握することができる測定方法について。

(3)　技術的課題に対し，**現場で実施した対応処置とその評価**

①現地採取土について，10 t の振動ローラによる締固めの試験施工を実施し，走行回数 6 回で空気間隙率が 13％以下となるとの結果を得た。発注者の承認を得て，空気間隙率 13％以下を管理基準値とした。

②降雨時に試験施工を行い，泥ねい化や将来の沈下を防止するため，1 mm 以上の雨の日は，採取･運搬及び締め固めを行わないこととした。

③現場での空気間隙率の測定は，結果がすぐに見ることのできる RI 計器により行うこととした。試験施工のデータを用い RI 計器のキャリブレーションを行い，管理基準地内で締め固められていることを確認し，発注者に印刷データで，毎日報告した。

これらの処置により，盛土の品質を確保した。

2	管理	品質管理	工事	橋梁下部工事	工種	コンクリート工	課題	コンクリートの品質管理

【問題1】あなたが経験した土木工事の現場において，その現場状況から特に留意した品質管理に関して，次の〔設問1〕，〔設問2〕に答えなさい。

〔注意〕あなたが経験した工事でないことが判明した場合は失格となります。

〔設問1〕 あなたが**経験した土木工事**について，次の事項を解答欄に明確に記入しなさい。

(1) **工 事 名**

工 事 名	○○自動車道○○高架橋下部工事

(2) **工事の内容**

①	発注者名	国土交通省 九州地方整備局 ○○国道事務所
②	工事場所	A県B郡C町D地内
③	工 期	令和2年2月10日～令和2年12月21日
④	主な工種	橋台工 基礎杭工 土工
⑤	施 工 量	橋台（H＝8.0 m W＝8.0 m）2基 コンクリート 896 m^3 鉄筋 72.0 t 場所打杭（ϕ1200×18.2 m）16本 掘削 762 m^3

(3) 工事現場における施工管理上の**あなたの立場**

立 場	現場主任

〔設問２〕上記工事の**現場状況から特に留意した品質管理**に関し，次の事項について解答欄に具体的に記述しなさい。

(1)　**具体的な現場状況**と特に留意した**技術的課題**

本工事は，新設される○○自動車道高架橋の下部工の内，逆Ｔ型の橋台２基の築造であった。

壁部のコンクリートの打設時期は６月から10月の暑中コンクリートの予想時期に計画された。また，コンクリートプラントから現場までは20 kmの山道を45分程度の運搬時間が見込まれた。

以上のことから，本工事では運搬中のスランプロスの発生やコールドジョイントの発生を防止することが課題となった。

(2)　技術的課題を解決するために**検討した項目と検討理由及び検討内容**

夏期における橋台のコンクリートのコールドジョイントの発生防止などのため，以下の検討を行った。

①暑中コンクリート時の壁コンクリートは，外気温が低い午前中に打設完了させる打設回数の割り付けについて。

②コンクリート運搬車のドラムが直射日光に熱せられてコンクリート温度が上昇しないようにドラムの養生について。

③長距離のコンクリート運搬により打設作業が中断しないように，待機時間とコンクリート温度上昇を防止する対策について。

④コンクリートの打設時に型枠が熱せられて，コンクリートが急激に硬化しないように，型枠養生を行う仮設備について。

(3)　上記検討の結果，**現場で実施した対応処置とその評価**

検討の結果以下の対策を行った。

①壁コンクリートは当初の２回打設から３回に増やし，午前中に打設を完了させた。

②コンクリート運搬車には保温カバーを使用して，打設時の温度を30℃以下に抑えた。

③運搬車両はプラントと連絡を取り15分程度の待機時間となるように出荷調整を行い，また待機中はドラムへの散水により冷却を行った。

④型枠足場には全面と上面にメッシュシートにより養生を行い，型枠が熱せられることを防止した。

以上の結果，コールドジョイントもなく打設を完了した。

3	管理	品質管理	工事	土工	工種	盛土工	課題	路床の品質管理

【問題1】あなたが経験した土木工事の現場において，その現場状況から特に留意した品質管理に関して，次の〔設問1〕，〔設問2〕に答えなさい。

〔注意〕あなたが経験した工事でないことが判明した場合は失格となります。

〔設問1〕 あなたが**経験した土木工事**について，次の事項を解答欄に明確に記入しなさい。

(1) **工　事　名**

工　事　名	○○ダム公園進入路整備工事

(2) **工事の内容**

①	発注者名	K県A土木事務所
②	工事場所	K県A郡A町6090番地他
③	工　　期	令和2年12月7日～令和3年3月19日
④	主な工種	土工　舗装工　補強土壁工
⑤	施 工 量	切土3,500 m^3　盛土5,000 m^3　アスファルト舗装 t=50　3,000 m^2　路盤t=350　3,000 m^2 補強土壁　150 m^2（切土　1500 m^3 流用）

(3) 工事現場における施工管理上の**あなたの立場**

立　　場	工事主任

〔設問２〕上記工事の**現場状況から特に留意した品質管理**に関し，
次の事項について解答欄に具体的に記述しなさい。

(1) **具体的な現場状況**と特に留意した**技術的課題**

本工事は，K県管理のダムサイトにA町が整備するダム公園へアクセスする幅員6 m，延長300 mの進入路の新設であった。

進入路の造成には切土を盛土と補強土壁に利用し，盛土の不足分は，ダムサイトに仮置きされたダムの浚渫土を路床に流用することとなっていた。この浚渫土は砂質土と粘性土が混ざり，流木などが混入し高含水のため，特記仕様書で規定された路床のCBR値３％という品質を確保することが課題となった。

(2) 技術的課題を解決するために**検討した項目と検討理由及び検討内容**

路床の品質を確保するために，以下の検討を行った。

①仮置きされた浚渫土が路床土として利用できるか，土質試験により土質区分別の数量，CBR値等を把握し，浚渫土を効果的に利用する方法について。

②浚渫土に混入している流木は，将来的に腐食して路面の沈下や盛土の崩壊を起こす危険があるので，これの除去方法について。

③土質区分により，路床盛土の締固め度90％以上を確保するための敷均し厚さや締固め方法が異なる。浚渫土の利用は初めてなので，最適な敷均し厚さ，使用する締固め機械，締固め方法及びその決定方法について。

(3) 上記検討の結果，**現場で実施した対応処置とその評価**

①浚渫土は礫質土1,500 m^{3}と砂質土1,000 m^{3}がCBR４％以上で，残りの粘性土のCBRは２％であった。盛土材として礫質土1.5，砂質土1.0，粘性土0.5の割合で加えた混合土を作り，天日乾燥で含水比を低下させ，路床土用盛土材としてCBR３％を確保した。

②流木は，仮置き場所でスケルトンバケットによりふるい分けを行い除去した。

③混合土の盛土材について発注者の立会いのもとで試験盛土を行い，敷均し厚さは22 cm，締固め方法はタンピングローラーで４回の締固めが，締固め度90％以上となることを確認し，施工した。

以上の対応処置により路床の品質を確保した。

4	管理	品質管理	工事	舗装工事	工種	路床盛土	課題	盛土基面の品質管理

【問題1】あなたが経験した土木工事の現場において，その現場状況から特に留意した品質管理に関して，次の〔設問1〕，〔設問2〕に答えなさい。

〔注意〕あなたが経験した工事でないことが判明した場合は失格となります。

〔設問1〕　あなたが**経験した土木工事**について，次の事項を解答欄に明確に記入しなさい。

(1) **工　事　名**

工　事　名	県道○○○号線拡幅工事

(2) **工事の内容**

①	発注者名	G県G土木事務所
②	工事場所	G県G市H地先～K地先
③	工　　期	令和2年9月1日～令和3年3月19日
④	主な工種	アスファルト舗装工　路床工　排水工 地盤改良（セメント混合）工
⑤	施　工　量	路床盛土　750 m^3　アスファルト舗装　950 m^2　路盤　950 m^2 自由勾配側溝(300×300)　L＝158 m 集水桝(900×900)　5基

(3) 工事現場における施工管理上の**あなたの立場**

立　　場	現場代理人

〔設問２〕上記工事の**現場状況から特に留意した品質管理**に関し，
次の事項について解答欄に具体的に記述しなさい。

(1) **具体的な現場状況**と特に留意した**技術的課題**

本工事は片側の水田を用地買収し，交差点付近を 3 m 拡幅して，県道○○○号線の○○交差点に右折レーンを設置するものである。

現地調査を行ったところ，拡幅する部分は水田と隣接する形となり，30 m の区間に雨水が溜まっている箇所が確認された。

スウェーデン式サウンディングにより，現地盤の表層から 2 m までが軟弱地盤で，2 m 以下は砂礫層であることが判明した。このため，路床盛土基面となる現地盤の地耐力を確保することが課題となった。

(2) 技術的課題を解決するために**検討した項目と検討理由及び検討内容**

現地盤の地耐力を確保するために，以下の検討を行った。

①軟弱層が 2 m 程度あり，掘削による置換では，周辺の地盤沈下が考えられたので，周辺に影響を与えない地盤改良の方法について。

②地盤改良を採用した場合，地盤改良中に，周辺の水田の農作物に改良材が飛散しないような，改良材の種類について。

③現状の表層部（t＝300 mm）が高含水であったため，地盤改良前に表面排水を行い含水比の低下と表面水の処理を行う方法について。

④水溜り箇所には雑草が多くはえていた。地盤改良時に混入すると，将来的に腐食により沈下の発生が予想されるため，表土の処理について発注者と協議した。

(3) 上記検討の結果，**現場で実施した対応処置とその評価**

検討の結果，次の対応処置を行った。

①地盤改良は，現場混合方式を採用した。施工ヤード箇所が狭いため，0.7 m^3 バックホウで，1 m ごとの 2 層に分けて混合を行った。

②改良材は，周辺の農作物に飛散しない，防塵型のセメント系改良材を試験混合でテストし，120 kg/m^3 を使用した。

③拡幅用地と農地の境界と拡幅幅の中央に素掘り側溝（300×300 mm）を掘り，表面排水と含水比の低下を行った。

④草の根がある表土は，地盤改良前に草刈機で人力により草を刈りとり，その後に根をブルドーザで 20 cm すきとり処分した。

結果，基面の支持力を路床と同等の CBR 3 %以上を確保した。

経験記述 品質管理

5	管理	品質管理	工事	推進工事	工種	函体推進工	課題	函体推進精度の確保

【問題1】あなたが経験した土木工事の現場において，その現場状況から特に留意した品質管理に関して，次の〔設問1〕，〔設問2〕に答えなさい。

〔注意〕あなたが経験した工事でないことが判明した場合は失格となります。

〔設問1〕 あなたが**経験した土木工事**について，次の事項を解答欄に明確に記入しなさい。

(1) **工　事　名**

工　事　名	S本線横断函渠築造工事

(2) **工事の内容**

①	発注者名	K建設株式会社
②	工事場所	H県F市M町地内
③	工　　期	令和2年12月7日～令和3年3月19日
④	主な工種	立坑工　箱形ルーフ　推進工　仮設工
⑤	施 工 量	立坑掘削W5m×L5m×H5m 2基 鋼矢板打設Ⅲ型104枚 プレキャスト函体推進W4.37m×H3.45m　施工延長22m

(3) 工事現場における施工管理上の**あなたの立場**

立　　場	主任技術者

〔設問２〕上記工事の**現場状況から特に留意した品質管理**に関し，
次の事項について解答欄に具体的に記述しなさい。

(1)　**具体的な現場状況**と特に留意した**技術的課題**

本工事は，S本線のM駅からH駅間の軌道下に水路用の函渠を推進工法で構築するものである。

推進方法は，施工箇所の土被りが浅いため，軌道へ影響を及ぼさないR&C（箱型ルーフ）工法で行うものであった。

立坑構築時に発進立坑側の土質は，設計書どおりの粘性土であったが，到着側はGL－3 mから砂質土で，湧水量も多いことが判明した。

そのため，函体の推進精度を確保することが課題となった。

(2)　技術的課題を解決するために**検討した項目と検討理由及び検討内容**

函体の推進精度を確保するため，以下のことについて検討した。

①砂層部の推進時に，函体の先端刃口を上方に向け，沈下を防止するための刃口方向の修正寸法について。

②推進中の湧水による沈下に対する上越し量及び到達立坑側の砂層で予想される大きな沈下に対応するための推進勾配について。

③掘進をスムーズに行うために，湧水量を減らす，また刃口からの湧水を少なくするためにウェルポイントの設置について。

④推推進中に互層部や湧水により，函体のねじれ等の変位を速やかに把握するための測定位置と頻度及び計測方法について。

(3)　上記検討の結果，**現場で実施した対応処置とその評価**

検討により，函体の推進精度確保のため，以下の対応処置を行った。

①砂層部から先の推進は，鋼製キャンバーを製作して，刃口を上方に30 mm 方向修正させた。

②全体の推進勾配を，30 mm の上越しと上向き 95％勾配に設定して推進させた。

③到達立坑側にウェルポイントを 2 m 間隔で 15 本設置して，地下水位を低下させ湧水量を減少させた。

④各函体の上部の左右に測定点を設置して，レーザーレベルで常時高さの計測を行った。

上記の結果，規格値の勾配 1 %，高さ ±10 mm 以内で完成した。

1	管理	安全管理	工事	橋梁工事	工種	上部工	課題	営業線近接工事の安全管理

【問題１】あなたが経験した土木工事の現場において，その現場状況から特に留意した安全管理に関して，次の〔設問１〕，〔設問２〕に答えなさい。

〔注意〕あなたが経験した工事でないことが判明した場合は失格となります。

〔設問１〕　あなたが**経験した土木工事**について，次の事項を解答欄に明確に記入しなさい。

(1)　**工　事　名**

工　事　名	県道○○号線○○高架橋鋼上部工事

(2)　**工事の内容**

①	発注者名	Ａ県○○土木事務所
②	工事場所	Ａ県Ｂ市Ｃ町１丁目地内
③	工　　期	令和２年６月７日～令和３年３月19日
④	主な工種	鋼桁製作工　鋼橋架設工　床板工　防護柵工
⑤	施 工 量	鋼床版４径間連続箱桁製作○○t　桁架設　橋長 321 m 支間長（○m＋○m＋○m＋○m） 床板コンクリート打設（△N/mm^2）○○m^3 防護柵設置 L＝500 m　（○，△は数字が記入してある。）

(3)　工事現場における施工管理上の**あなたの立場**

立　　場	現場主任

〔設問２〕上記工事の**現場状況から特に留意した安全管理**に関し，
次の事項について解答欄に具体的に記述しなさい。

(1)　**具体的な現場状況**と特に留意した**技術的課題**

本工事は，新設の○○高架橋に４径間連続鋼箱桁をL＝321ｍ架設し，W＝12ｍの床版コンクリートを打設するものであった。

作業は鉄道に隣接した，幅10ｍのクレーンヤードから大型のクレーンで吊り荷作業を行うものであった。鉄道会社と協議した結果，クレーン作業は午前０時から午前５時までに行うことに決定した。

そこで，夜間のクレーン作業における，鉄道の架線接触事故を防止することが課題となった。

(2)　技術的課題を解決するために**検討した項目と検討理由及び検討内容**

架線接触事故を防止するため，以下のことを検討した。

①クレーンのブームと吊り荷が鉄道側にはみ出さないようにするため，鉄道に接近していることを監視する方法と，警告距離を設定して，現場へ知らせる方法について。

②吊り荷箇所が10ｍと高所であり，夜間照明の光や影により吊り荷の状態を，クレーンオペレータが把握しにくいことから，吊り荷の位置を明確に把握する方法について。

③夜間の架設作業時におけるクレーンへの合図や，作業個所全体を明るくし，吊り荷箇所を全作業員が把握できる，夜間照明の照明器具の選定と設置方法について。

(3)　上記検討の結果，**現場で実施した対応処置とその評価**

検討の結果，以下の対応処置を行った。

①クレーンヤードの鉄道側から３ｍの箇所に監視のための警報機付きレーザーセンサーを設置した。作業中は，クレーンの合図者が警戒距離までの状況をオペレーターに笛及び旗による合図で知らせた。

②クレーンのブーム先端には下方を映写するカメラを設置して，オペレータがモニターで吊り荷の位置を把握できるようにした。

③夜間照明は，周囲に光りが広がるバルーンライトを，鉄道側に３基と高所の作業箇所にそれぞれ２基を配置した。

以上の結果，夜間工事の大型のクレーン作業で，鉄道架線の接触事故を防止して，無事故で工事を完成させた。

2	管理	安全管理	工事	水道工事	工種	管布設工	課題	地下埋設物の安全管理

【問題1】あなたが経験した土木工事の現場において，その現場状況から特に留意した安全管理に関して，次の〔設問1〕，〔設問2〕に答えなさい。

〔注意〕あなたが経験した工事でないことが判明した場合は失格となります。

〔設問1〕 あなたが**経験した土木工事**について，次の事項を解答欄に明確に記入しなさい。

(1) **工 事 名**

工 事 名	市道○○○号線配水管布設替え工事

(2) **工事の内容**

①	発注者名	K市役所水道課
②	工事場所	K市A町2丁目地内
③	工期	令和元年11月20日～令和2年3月20日
④	主な工種	土工 管布設工 舗装復旧工
⑤	施工量	掘削400 m^3 埋戻し320 m^3 制水弁8基 鋳鉄管布設(SⅡ形ϕ150 mm) L＝370 m 舗装復旧 700 m^2

(3) 工事現場における施工管理上の**あなたの立場**

立 場	工事主任

〔設問２〕上記工事の**現場状況から特に留意した安全管理**に関し，
次の事項について解答欄に具体的に記述しなさい。

(1)　**具体的な現場状況**と特に留意した**技術的課題**

本工事は，K 市の市道○○号線の拡幅工事に伴い，配水管（鋳鉄管）370 m を布設替えするものである。

工事箇所の埋設位置には，撤去する水道管のほか，電気，下水道管，ガス管が土被り 1.2 m ～ 1.6 m の範囲に埋設されていた。このうちガス管は，本工事の終わった後に布設替えの予定であった。

このため，供用中のガス管の破損事故を防止することが，課題となった。

(2)　技術的課題を解決するために**検討した項目と検討理由及び検討内容**

ガス管の破損事故防止のため，次の方法を検討した。

①ガス管をはじめ，各埋設物の平面位置および埋設深さ等の状況を確認するための試掘箇所と試掘方法について。

②掘削時に露出したガス管の防護方法について。

③掘削にあたり，幅 0.7 m で軽量鋼矢板の土留めを施工するが，その際，近傍のガス管周囲の土砂を崩壊させない方法について。

④水道管の埋戻しは，管上 30 cm までは山砂使用であったが，それより上は発生土を使用することとなっていたため，掘削内にあるガス管との交差部などで沈下によりガス管を破損させないような，埋戻し方法について。

(3)　上記検討の結果，**現場で実施した対応処置とその評価**

検討の結果，次の方法で工事を行った。

①ガス管等の確認は，管理台帳をもとに，路面にマーキングし，50 m 間隔で人力で試掘を行い，位置，深さなどの状況を把握した。

②ガス管の防護は，管下に角材で補強材を取り付けて，ガス管に負荷がかからないように吊り防護を行った。

③ガス管の高さまで掘削を行い，コンパネでガス管側の部分を養生してから軽量鋼矢板の土留めを設置した。

④ガス管が露出する水道管との交差部は，沈下を防止するため，発生土を使用せず，すべて山砂で埋戻しを行った。

以上の結果，ガス管を破損することなく，無事故で工事を完了した。

3	管理	安全管理	工事	治山工事	工種	砂防えん堤工	課題	作業員の安全管理

【問題1】あなたが経験した土木工事の現場において，その現場状況から特に留意した安全管理に関して，次の〔設問1〕，〔設問2〕に答えなさい。

〔注意〕あなたが経験した工事でないことが判明した場合は失格となります。

〔設問1〕 あなたが**経験した土木工事**について，次の事項を解答欄に明確に記入しなさい。

(1) **工　事　名**

工　事　名	治山事業K地区砂防えん堤（その1）工事

(2) **工事の内容**

①	発注者名	M県A農林事務所
②	工事場所	M県A市H町K地内
③	工　　期	令和2年4月6日～令和3年3月26日
④	主な工種	砂防えん堤工　土工　仮設工
⑤	施　工　量	砂防えん堤　幅＝44.5 m　高さ＝9.0 m コンクリート打設　687 m^3 掘削　23000 m^3　仮排水路　300 m

(3) 工事現場における施工管理上の**あなたの立場**

立　　場	工事主任

〔設問 2〕上記工事の**現場状況から特に留意した安全管理**に関し，
次の事項について解答欄に具体的に記述しなさい。

(1) **具体的な現場状況**と特に留意した**技術的課題**

本工事は，土石流の発生から，流域の安全を確保するための，砂防えん堤（幅 44.5 m，高さ 9.0 m）の建設である。

工事箇所は急流域で，河床勾配は 15%～ 20%であり，上流域に降雨があると，急激な増水と土石流が発生することがある。降雨量の計測設備がなく，上流域の降雨と河川の増水を把握することが困難であった。

工事期間が，降雨量の多い夏にかかることから，作業中の土石流の発生により，作業員等への事故を発生させないことが課題であった。

(2) 技術的課題を解決するために**検討した項目と検討理由及び検討内容**

土石流による事故が発生しないように，以下の検討を行った。

①作業箇所と山の上流域での降雨状況を把握するため，民間のインターネットサイトにより，降雨状況を把握する情報の取得方法と監視体制について。

②降雨時の土石流の発生時に，現場への到達を遅らせ，作業員が退避するための時間を作るため，仮設の土石流止め設備について。

③土石流の発生予測時や発生時に，掘削箇所で作業中の作業員や重機が安全に退避できるような，避難経路について。

④作業員が，当日の天候や降雨確率を把握して，作業中の危険の意識付けを行うため，周知内容と周知方法について。

(3) 上記検討の結果，**現場で実施した対応処置とその評価**

検討の結果，以下の対応を行った。

①現場の工事主任と職長は，インターネットサイトに登録して，常時現場周囲の観測データを把握するようにした。

②現場の河川の上流 300 m に大型土のうを 30 cm のすき間を空けて，河川水を流下し，土石流を止める仮設堰堤を設置した。

③現場の左岸側の高所（H＝10 m）に退避所を設置し，作業箇所から避難所までは昇降階段を設置した。

④朝礼時に，天候や土石流の発生予測を口頭で伝達すると共に色分けした連絡板を，安全掲示板に掲示して周知した。

以上，土石流の発生予測対策の結果，無事故で工事を完成した。

4	管理	安全管理	工事	河川工事	工種	護岸工	課題	通行車両の安全管理

【問題1】あなたが経験した土木工事の現場において，その現場状況から特に留意した安全管理に関して，次の〔設問1〕，〔設問2〕に答えなさい。

〔注意〕あなたが経験した工事でないことが判明した場合は失格となります。

〔設問1〕 あなたが**経験した土木工事**について，次の事項を解答欄に明確に記入しなさい。

(1) **工 事 名**

工 事 名	準用河川改修（S川 H地区）工事

(2) **工事の内容**

①	発注者名	K市役所治水課
②	工事場所	H県K市A町地内
③	工期	平成29年7月10日～平成30年2月28日
④	主な工種	護岸工 土工 舗装工
⑤	施工量	緑化ブロック設置 525 m^2（L＝150 m H＝3.5 m） 床掘り 480 m^3 舗装復旧 320 m^2

(3) 工事現場における施工管理上の**あなたの立場**

立 場	現場代理人

〔設問２〕上記工事の**現場状況から特に留意した安全管理**に関し，次の事項について解答欄に具体的に記述しなさい。

(1)　**具体的な現場状況**と特に留意した**技術的課題**

本工事は，S川の蛇行により，川に沿っている市道区間の護岸浸食を防止するために，対象区間の護岸法面を 1：0.8 で掘削し，緑化ブロックを設置するものであった。

工事個所の道路幅員は 4 m で，法面掘削中は道路幅員が狭くなり，路肩崩壊の恐れもあった。また，掘削は道路上から行うため，通行車両や民家に出入りする車両と重機との接触事故防止等，通行車両の安全対策が課題となった。

(2)　技術的課題を解決するために**検討した項目と検討理由及び検討内容**

工事中の通行車両等の安全を確保するため，次のことを検討した。

①工事対象の法面を一度に全面掘削すると，道路幅員が 3 m に縮小する区間が長くなるとともに，降雨時の雨水の浸食による路肩崩壊の危険が増加するため，これらを少なくする施工方法について。

② 掘削に使用する 0.7 m^3 バックホウは旋回時に，重機後方が車線にはみ出て，通行車両と接触する危険があるため，重機の配置と掘削時の監視方法について。

③法面の掘削土が砂礫土であったため，降雨時に道路排水が法面に流れ込み法面浸食が起こる恐れがあったため，これを防止する方法について。

(3)　上記検討の結果，**現場で実施した対応処置とその評価**

検討により，以下の対応処置を行った。

①施工区間を 30 m スパンに分割し，緑化ブロック設置・埋戻しを行った後に次のスパンを施工することとした。これにより，道路幅員 3 m の区間と掘削のままの法面の存置期間を短縮した。

②掘削箇所の前後に交通誘導員を配置し，0.7 m^3 バックホウの旋回時に通行車両を一時停止して，接触事故を防止した。

③全工事区間の道路の護岸側路肩部に，土のうを並べ，仮設の縦排水管 ϕ300 を30 m間隔で配置して，雨水排水を行い，法面浸食と路肩崩壊を防止した。

以上の結果，通行車両の事故を防止して，無事に工事を完成した。

5	管理	安全管理	工事	共同溝工事	工種	管路工	課題	通行者の安全管理

【問題1】あなたが経験した土木工事の現場において，その現場状況から特に留意した安全管理に関して，次の〔設問1〕，〔設問2〕に答えなさい。

〔注意〕あなたが経験した工事でないことが判明した場合は失格となります。

〔設問1〕 あなたが**経験した土木工事**について，次の事項を解答欄に明確に記入しなさい。

(1) **工　事　名**

工　事　名	R地区市道○○号線無電柱化地中配管埋設工事

(2) **工事の内容**

①	発注者名	S市役所建設課
②	工事場所	K県S市H町1丁目～2丁目地内
③	工　　期	令和元年6月10日～令和2年2月25日
④	主な工種	地中配管埋設工　ハンドホール設置工　舗装撤去復旧工
⑤	施　工　量	FEP管埋設（内径φ500 mm 1条　φ75 mm 4条） 施工延長600 m ハンドホール新設（W800×L800×H1000）14基 アスファルト舗装撤去復旧750 m^2

(3) 工事現場における施工管理上の**あなたの立場**

立　　場	工事主任

〔設問２〕上記工事の**現場状況から特に留意した安全管理**に関し，次の事項について解答欄に具体的に記述しなさい。

(1) **具体的な現場状況**と特に留意した**技術的課題**

本工事は，S市の商店街の電柱の電線を，道路下に埋設するための地中配管とハンドホール14基を設置する無電柱化工事である。

施工箇所は，歩道のない幅員５mの道路の両側に商店や飲食店が立ち並ぶ商業区域である。当初の予定では，工事は道路を交通止めして行うこととなっていた。地元説明会を開催したところ，住民や商店街から歩行者，自転車の通行ができるようにとの要請があり，歩行者等の安全な通行の確保が課題となった。

(2) 技術的課題を解決するために**検討した項目と検討理由及び検討内容**

①商店，飲食店の出入り口の利用を確保し，かつ，歩行者，自転車の安全な通行を行うための方法と施工時間について。

②作業箇所が道路の中央付近になるときに，歩行者通路を両側に1.5m以上確保し，安全に通行できるための対策について。

③作業帯の設置により，車両の通行が困難な2.5m以下の幅員となるため，車両の通行止めの実施と迂回路の設置について，商店街の要望もとり入れた対策について。

④埋戻し箇所の沈下で，歩行者の転倒など，交通事故の原因となる路面段差が生じないように，埋設管回りや土留めの軽量鋼矢板の引抜時の埋戻し方法について。

(3) 上記検討の結果，**現場で実施した対応処置とその評価**

①施工距離を10mと5mを基準に出入り口と通路を確保した工区割付け図を作り，出入り口前の施工は夜間に行うこととした。

②道路中央付近の作業の場合は，H＝1.2mのフェンスで歩行者通路を作り，通路の前後にカラーコーンを設置し誘導した。

③車両通行止めにあたっては，一般車両が迷わないよう，迂回路の出入り口に案内板を設置するとともに，住民，商店街利用者などへ説明付き案内図を配布し周知をはかった。

④埋設管等の埋戻しは，山砂で管上30cm及び土留め矢板引抜時に舗装面下１mで水締めし，段差の発生を防止した。

以上の結果，歩行者等の安全を確保し，無事故で工事を完成した。

1	管理	工程管理	工事	鉄道工事	工種	軌道工	課題	支持物取替の工程管理

【問題1】あなたが経験した土木工事の現場において，その現場状況から特に留意した工程管理に関して，次の〔設問1〕,〔設問2〕に答えなさい。

〔注意〕あなたが経験した工事でないことが判明した場合は失格となります。

〔設問1〕 あなたが**経験した土木工事**について，次の事項を解答欄に明確に記入しなさい。

(1) **工 事 名**

工 事 名	U地区～O地区間軌道敷支持物取替工事

(2) **工事の内容**

①	発注者名	H日本旅客鉄道株式会社 N支社
②	工事場所	T県U市U地内
③	工　期	令和元年5月20日～令和元年12月20日
④	主な工種	土工 支持物交換工 基礎コンクリート工
⑤	施 工 量	電化柱設置20基 支持物（電化柱）交換20基 基礎コンクリート20基礎（1基5 m^3） 掘削150 m^3

(3) 工事現場における施工管理上の**あなたの立場**

立　場	現場代理人

〔設問２〕上記工事の**現場状況から特に留意した工程管理**に関し，次の事項について解答欄に具体的に記述しなさい。

(1)　**具体的な現場状況**と特に留意した**技術的課題**

本工事は，JR の T 線の U 地区～ O 地区間の電車線路の老朽化した支持物（電化柱）を撤去し，新しい支持物に取り替えるものである。

現場は営業線脇の軌道敷内で，5 ～ 10 分間隔で列車が通過するため，その都度工事を一時中断して退避する必要があり，作業の進捗に大きな影響をおよぼす場所であった。また，工期半ばの８月に台風による２日間の休工があり，９月末時点で工程に 15 日間の遅れが発生した。

そこで，工期内完成のため 15 日間の工期短縮が課題となった。

(2)　技術的課題を解決するために**検討した項目と検討理由及び検討内容**

工期内完成のため，以下を検討した。

①軌道敷内の中断を伴う作業の効率を上げるために，熟練作業員を班分けして，分担施工を行うことについて。

②10 月からの残り 10 箇所の基礎部に，支障物の存在が予測されたため再度の遅れが発生しないように，調査と撤去方法について。

③作業箇所は，降雨時に雨水が流れ込む場所であることから，水溜りの発生や掘削箇所への雨水の流入防止の方法について。

④電化柱の基礎コンクリートは，軌道敷きの外の側道から人力による運搬・打設となっていたが，作業日数の短縮のため，ポンプ打設に変更することについて。

(3)　上記検討の結果，**現場で実施した対応処置とその評価**

①作業を上下線に分け，掘削班と型枠・コンクリート打設班の４班体制にして，各班に熟練作業員を中心に作業員を配置し，中断による次工程の作業待ちを減らして，10 日間の工期短縮を行った。

②支持物撤去時に，試掘を兼ねた掘削を行い，支障物の有無を確認してから撤去を行うことで遅れの再発を防止した。

③雨水流入防止のため，掘削箇所の周囲に土のうによる仮排水路を設置し，降雨時の工期ロスを防止した。

④側道にポンプ車を配置する場所を設けて，敷地内まで配管し，２箇所を同日打設して５日間の工期短縮を行った。

以上の対応で，15 日間の遅れを解消して，工期内に完成させた。

2	管理	工程管理	工事	道路工事	工種	舗装工	課題	舗装の工程管理

【問題１】あなたが経験した土木工事の現場において，その現場状況から特に留意した工程管理に関して，次の〔設問１〕，〔設問２〕に答えなさい。

〔注意〕あなたが経験した工事でないことが判明した場合は失格となります。

〔設問１〕 あなたが**経験した土木工事**について，次の事項を解答欄に明確に記入しなさい。

(1) **工　事　名**

工　事　名	市道○○○号線改良舗装工事

(2) **工事の内容**

①	発注者名	A市役所都市整備部建設課
②	工事場所	N県A市S字K地内
③	工　　期	令和元年7月15日～令和元年12月25日
④	主な工種	盛土工　舗装工　排水工
⑤	施 工 量	路体盛土 6300 m^3　路床盛土 2100 m^3　法面整形 2710 m^2 アスファルト舗装 2160 m^2　路盤 2160 m^2　排水側溝 380 m

(3) 工事現場における施工管理上の**あなたの立場**

立　　場	工事主任

〔設問2〕上記工事の**現場状況から特に留意した工程管理**に関し，次の事項について解答欄に具体的に記述しなさい。

(1) **具体的な現場状況**と特に留意した**技術的課題**

本工事は，既存の市道○○○号線において，○○橋梁架け換え工事に伴う橋梁前後の取付け道路の改良工事であった。

工事は先行する橋梁工事に，20日間の遅れが発生していたため，本工事も20日間遅れて着工することとなった。一方，開通日が1月15日と決定されていたため，工期内完成の協力を要請された。

工期内完成のためには，舗装工事を降雪時期前に終わらせる必要があり，舗装の工程を20日間短縮することが課題となった。

(2) 技術的課題を解決するために**検討した項目と検討理由及び検討内容**

降雪前に舗装を完成できるように，以下の検討を行った。

①工事箇所が架け換え橋梁の前後の，2箇所であることから，2箇所を同時施工が可能な方法について。

②盛土の施工時に，盛土箇所までの仮設道路に大型ダンプを効率よく進入させ，また入れ替えをスムーズにさせ，1日の運搬土量を増加させる仮設道路の整備方法について。

③舗装工事は，当初の予定では表層と基層の1セットの施工であったが，降雪前のギリギリの工程となるため，工期短縮ができる舗装機械と台数について。

(3) 上記検討の結果，**現場で実施した対応処置とその評価**

工程短縮を検討した結果，以下の方法で工事を行った。

①工事を排水工の施工と歩車道境界ブロックの施工に分けて2箇所でそれぞれ同時に施工を行い，工期を12日間短縮した。

②現場内の仮設道路の敷き鉄板を一部拡幅して，すれちがい箇所を作り，仮設道路の走行時の待機ロスをなくし，ダンプの運搬回数を平均で0.5回増やした。また，1日の使用台数を増加させて，5日間の短縮を行った。

③舗装は，アスファルトフィニッシャーを2台使用して連続施工することで，3日間の短縮を行った。

この結果，20日間の工程短縮ができ，降雪前に舗装工事を完成させた。

工程管理 経験記述

3	管理	工程管理	工事	橋梁上部工事	工種	PC橋梁工	課題	現場打ちPCの工程管理

【問題1】あなたが経験した土木工事の現場において，その現場状況から特に留意した工程管理に関して，次の〔設問1〕，〔設問2〕に答えなさい。
〔注意〕あなたが経験した工事でないことが判明した場合は失格となります。

〔設問1〕 あなたが**経験した土木工事**について，次の事項を解答欄に明確に記入しなさい。

(1) **工　事　名**

工　事　名	K自動車道T高架橋上部工工事

(2) **工事の内容**

①	発注者名	H日本高速道路株式会社
②	工事場所	Y県S市M地内
③	工　　期	令和2年5月13日～令和3年10月20日
④	主な工種	PC橋梁工　仮設工
⑤	施工量	PC箱桁　250 m　型枠4000 m^2　コンクリート1500 m^3 張出施工　ワーゲン工法24回（片側12回×両側）

(3) 工事現場における施工管理上の**あなたの立場**

立　　場	現場代理人

〔設問２〕上記工事の**現場状況から特に留意した工程管理**に関し，次の事項について解答欄に具体的に記述しなさい。

(1) **具体的な現場状況**と特に留意した**技術的課題**

本工事は，現場打ち PC 箱桁橋を 250 m 築造するもので，河川部の100 m 区間はワーゲン工法で行うものであった。

工事は，終点側を施工してから，ワーゲン工法に移行する予定であったが，終点側からの道路の未買収用地の問題解決が着工後となり，進入路の道路造成完了が年を越して２月末の予定であることが判明した。このため，工期内完成が難しい状況となった。

そこで，進入路なしでの早期着工と工期内完成が課題となった。

(2) 技術的課題を解決するために**検討した項目と検討理由及び検討内容**

工期内に完成するため，以下について検討した。

①未買収用地の買収の交渉が進展していないため，工事箇所への進入路を道路の造成地以外から行うことについて現地調査と，河川管理者の協力を得ることについて。

②ワーゲン工法区間では，大幅な工期短縮を行うことが困難であるため，支保工区間と同時に進入路なしで施工可能な方法について。

③ワーゲン工法では，１スパン当たり，12 日間程度の工期が必要であり，養生日数を短縮できないことから，型枠と鉄筋の組立日数を短縮することについて。

(3) 上記検討の結果，**現場で実施した対応処置とその評価**

検討の結果，以下の方法を行った。

①河川管理者から非出水期である 11 月から４月末までの間河川敷内に仮設道路の設置許可を得て，終点側の工事をこの道路を使用して河川敷の施工ヤードから行った。

②ワーゲン工法の柱頭部の補強を行い，終点側の工事が完了を待たずに，２月から起点側から着工した。

③ワーゲン工法の型枠と鉄筋は，現場で組み立てると手待ちが多いので，施工ヤードでユニット化して１スパン当たり２日間短縮して，45 日間の工期短縮を行った。

以上の結果，早期着工と工期短縮ができ，工期内に完成した。

4	管理	工程管理	工事	共同溝工事	工種	管路工	課題	管路の工程管理

【問題1】あなたが経験した土木工事の現場において，その現場状況から特に留意した工程管理に関して，次の〔設問1〕,〔設問2〕に答えなさい。

〔注意〕あなたが経験した工事でないことが判明した場合は失格となります。

〔設問1〕 あなたが**経験した土木工事**について，次の事項を解答欄に明確に記入しなさい。

(1) **工 事 名**

工 事 名	K地区共同溝工事その1

(2) **工事の内容**

①	発注者名	国土交通省 K地方整備局
②	工事場所	K県S市S町～S市H町1丁目地内
③	工 期	令和元年9月17日～令和2年3月18日
④	主な工種	シールド工 立坑工
⑤	施 工 量	泥水式シールド 内径5000 mm 施工延長2300 m 発進立坑 1基 到達立坑 1基

(3) 工事現場における施工管理上の**あなたの立場**

立 場	工事主任

〔設問２〕上記工事の**現場状況から特に留意した工程管理**に関し，
次の事項について解答欄に具体的に記述しなさい。

(1) **具体的な現場状況**と特に留意した**技術的課題**

本工事は，S市の国道○○号線に，土被り 10 ～ 30 mの共同溝トンネルを泥水式シールド工法で建設するものである。

発進立坑付近は住宅地で，近隣との協定により昼間作業は８時から午後６時まで，土日祝祭日は工事を行わないとの制約があった。

発進から 300 m の河川敷の横断箇所に達したところ，切羽より異常出水が発生して，その対策に25日間を要した。

契約工期を守るために，25日間の工期短縮が課題となった。

(2) 技術的課題を解決するために**検討した項目と検討理由及び検討内容**

契約工期を守るために，次の方法を検討した。

①作業の制約について発注者と検討し，地元自治会を通して，地域住民と昼間作業時間の延長を認めてもらうための協議および内容について。

②シールドの掘進は，土被りの関係で採用されていたダクタイルセグメントの組立てに時間がかかっているため組立時間を短縮できる方法について。

③シールドの掘進作業は，マシーンのメンテナンスや消耗品の交換のため，中断を余儀なくされるので，メンテナンス作業の影響を少なくすることについて。

(3) 上記検討の結果，**現場で実施した対応処置とその評価**

検討の結果，以下の対応処置を行った。

①地域住民との協議により，2 日間の試験的な施工を実施し，排土作業などの騒音状況を確認してもらい，7 時から 22 時までを作業時間とする承諾を得て，2 交代で掘進を行った。

②ダクタイルセグメントの組立てで掘削を中断しないよう，シールドジャッキの圧力を抜いて組み立てる方法を採用し，作業時間を 30%短縮した。

③住民との約束どおり，土日祝祭日は掘進を行わないで，メンテナンスを土曜日に行うことで，中断による作業ロスを削減した。

以上の結果，25日間の遅れを解消して工期内に完成した。

5	管理	工程管理	工事	トンネル工事	工種	ボーリング工	課題	ボーリングの工程管理

【問題1】あなたが経験した土木工事の現場において，その現場状況から特に留意した工程管理に関して，次の〔設問1〕，〔設問2〕に答えなさい。

〔注意〕あなたが経験した工事でないことが判明した場合は失格となります。

〔設問1〕　あなたが**経験した土木工事**について，次の事項を解答欄に明確に記入しなさい。

(1)　**工　事　名**

工　事　名	Bトンネル築造工事に伴う水抜き孔設置工事

(2)　**工事の内容**

①	発注者名	W建設株式会社
②	工事場所	S県M市B地内
③	工　　期	令和元年10月7日～令和2年3月25日
④	主な工種	トンネル附帯設備工（水抜きボーリング工）仮設工
⑤	施　工　量	ボーリング　42本（ϕ178～ϕ282 mm　L＝35 m～48 m） 仮設足場　H＝1.5 m～3.0 m　　135 m^2

(3)　工事現場における施工管理上の**あなたの立場**

立　　場	現場代理人

〔設問2〕上記工事の**現場状況から特に留意した工程管理**に関し，次の事項について解答欄に具体的に記述しなさい。

(1) **具体的な現場状況**と特に留意した**技術的課題**

本工事は，本体のトンネル工事に先がけて，深さ 35 m ～ 48 m のボーリングで切羽の地下水位低下を行うものである。

施工に先立ち試験ボーリングを実施したところ，岩盤の硬度が高く，掘削時の目詰まりで1本に 15 日を要することが判明した。

ボーリングは，トンネルの掘削速度に合わせて，各箇所を完了させておく必要があり，本体工事の工期に遅れを発生さないよう，ボーリングの日施工量の向上が重要な課題となった。

(2) 技術的課題を解決するために**検討した項目と検討理由及び検討内容**

ボーリングの日施工量を向上するため，以下の検討を行った。

①削孔ビットの口径について，カッティングくずの排出を容易にして，削孔トルクを減少させ削孔時間を短縮するため，口径を拡大することについて。

②硬度の高い岩質に適合して，効率よく削孔できる先端ビットの形状を選定する方法について。

③高深度において，吸引によりカッティングくずの排出を可能にする掘削方法・機械について。

④日施工量を確保するために，機械の台数を増やすこと及び，施工順序，施工位置，施工足場について。

(3) 上記検討の結果，**現場で実施した対応処置とその評価**

検討の結果，以下の対応処置を行った。

①ビット内径を機械のトルク最大 1500 kg 以内で，70 mm まで拡大して掘削時の排土時間を短縮した。

②現場の岩盤に適したビットについて，5 種類の試験施工を行い，削孔時のウォーターウエイトに変化を与えて，掘削速度が一番速いものを選定した。

③高深度の削孔方法として，吸引式リバース循環工法と機械を採用した。

④施工足場を拡幅して2セットで作業するようにした。

以上の処置で，1 本当たりの施工を 9 日間に短縮し，本体のトンネル工事を工期内に完了させることができた。

練習用紙

受験に向けて，〔設問 1〕の施工管理を以下の内容から選定して，施工経験の記述練習を行ってください。

品質管理	安全管理	工程管理

※この用紙は，令和元年度出題の様式ですので，試験年度によっては様式が変更される可能性がありますから注意が必要です。
※コピーする場合は，各ページをA4用紙に拡大して使用してください。

【問題 1】あなたが経験した土木工事の現場において，その現場状況から特に留意した□□管理に関して，次の〔設問 1〕，〔設問 2〕に答えなさい。

〔注意〕あなたが経験した工事でないことが判明した場合は失格となります。

〔設問 1〕 あなたが**経験した土木工事**に関し，次の事項について解答欄に明確に記述しなさい。

(1) **工 事 名**

工 事 名	

(2) **工事の内容**

①	発注者名	
②	工事場所	
③	工　　期	
④	主な工種	
⑤	施 工 量	

(3) 工事現場における施工管理上の**あなたの立場**

立　　場	

〔設問２〕上記工事の**現場状況から特に留意した□□管理**に関し，次の事項について解答欄に具体的に記述しなさい。ただし，交通誘導員の配置のみに関する記述は除く。

(1)　**具体的な現場状況**と特に留意した**技術的課題**（７行）

(2)　技術的課題を解決するために**検討した項目と検討理由及び検討内容**（10行）

(3)　上記検討の結果，**現場で実施した対応処置とその評価**（10行）

第4編

学科記述

1章 年度別出題分野

平成24年度から令和３年度まで，最新10年間の年度別出題分野は，下表のとおりである。

26年度までの①は〔設問1〕，②は〔設問2〕の出題である。27年度以降の○の中の数字は，選択問題の問題番号である。なお，令和３年度は試験制度の改正に伴い，問題２コンクリート工，問題３施工計画，令和４年度は，問題２安全管理，問題３品質管理が必須問題として出題された。（◎で表記）

1 土工

分野＼年度	令和				平成						回数
	4	3	2	元	30	29	28	27	26	25	
土工事	⑦⑧	④	②		②⑦	②	②	⑦	①②		11
軟弱地盤		⑧		②		⑦		②		②	5
のり面保護				⑦							1
排水工			⑦				⑦			①	3

2 コンクリート工

分野＼年度	令和				平成						回数
	4	3	2	元	30	29	28	27	26	25	
鉄筋工・型枠工・支保工					④						1
耐久性（劣化要因・ひび割れ）	⑨		⑧	⑨				⑨	②		5
施工運搬・（打込み・締固め・養生）		②⑨		③	③	③	③		①		7
打継目	④			⑧	⑧			③			4
混和剤・混和材			③								1
暑中・寒中コンクリート						⑧	⑧	⑧		①②	5

3 施工計画

分野＼年度	令和				平成						回数
	4	3	2	元	30	29	28	27	26	25	
管きょ布設時の工種名，主な作業内容及び品質・出来形管理		⑪						⑥			2
プレキャストL型擁壁・ボックスカルバート設置時の工種，使用機械及び品質・出来形管理					⑪				②		2
施工計画・施工手順		③	⑥	⑪		⑥	⑪			②	6

4 品質管理・施工管理

分野＼年度	令和				平成						回数
	4	3	2	元	30	29	28	27	26	25	
土工	③⑤		⑨	④	⑨	④	⑨	④	②	②	10
コンクリート		⑤	④			⑨	④		①	①	6

5 安全管理

分野＼年度	令和				平成						回数
	4	3	2	元	30	29	28	27	26	25	
足場，作業床，高所作業			⑤		⑤	⑩		⑤			4
移動式クレーン		⑩		⑩			⑩				3
建設機械		⑥	⑩	⑤		⑤			①		5
掘削，土止め工					⑩		⑤	⑩			3
型枠，支保工					⑩			⑤			2
現場の安全管理全般	⑩								②	①②	4
埋設物・架空線近接工事	②										1
墜落等の危険防止	⑥										1

6 建設副産物・環境保全

分野＼年度	令和				平成						回数
	4	3	2	元	30	29	28	27	26	25	
建設副産物適正処理推進要綱					⑥		⑥			①	3
廃棄物処理法	⑪					⑪		⑪			3
建設リサイクル法		⑦		⑥					①		3
騒音・振動防止			⑪								1

2章 土工

2.1　出題項目と出題回数

平成24年度から令和３年度まで，最新10年間の分野別出題項目と出題回数は下表のとおりである。

1　土工

分野	出題項目	出題内容	主な用語	回数	出題年度
土工	盛土材料と施工	・盛土施工時の注意事項 ・高含水比の建設発生土使用時の留意事項，改良方法 ・建設発生土の利用 ・材料の改良に用いる固化材 ・情報化施工	・施工時の排水処理 ・繊維補強盛土 ・建設発生土 ・セメント・セメント系固化材 ・石灰・石灰系固化材 ・トラフィカビリティ ・せん断強度 ・含水量調節 ・TS（トータルステーション） ・GNSS（全球測位衛星システム）	6	30(2問)，28, 26, R3, R2, R4
	構造物の裏込め部，埋戻し部の施工	・橋台・カルバートの裏込め材料と施工および踏掛板，埋戻しの施工	・裏込め材料と施工 ・踏掛板 ・排水対策 ・偏土圧	1	29
	開削工法	・計測管理と測定結果への対応 ・鋼矢板土留め工による掘削時の留意事項 ・切梁式土留め支保工内の掘削	・土留め壁・支保工の応力度・変形 ・ボイリング ・ヒービング ・薬液注入工法 ・掘削順序 ・軟弱粘性土地盤の掘削 ・漏水，出水時の処理	2	26, R4
	切土法面の施工	・施工時の法面のチェック項目	・切土法面	1	26
	構造物と盛土の接続部分	・接続部の変状を抑制するための留意事項	・橋台，カルバート ・段差，不同沈下	1	27
軟弱地盤	軟弱地盤上の盛土	・対策工法の説明，期待される効果 ・開削時掘削底面の破壊現象 ・軟弱地盤上の盛土施工の留意点	・掘削置換工法 ・ウェルポイント工法 ・トラフィカビリティー ・盛土の沈下量 ・横断勾配 ・側方移動	2	R1, 25

分野	出題項目	出題内容	主な用語	回数	出題年度
	軟弱地盤対策工法	・工法の概要説明，期待される効果 ・変状現象とその対策工法の選定と説明 ・施工機械のトラフィカビリティの確保	・押え盛土工法 ・荷重軽減工法 ・深層混合処理工法 ・薬液注入工法 ・サンドドレーン ・盛土補強工法 ・盛土載荷重工法 ・地下水位低下工法 ・表層混合処理工法 ・サンドコンパクションパイル工法 ・掘削置換工法 ・ウェルポイント工法 ・トラフィカビリティ ・サンドマット工法	5	29, 27, 26, 25, R3
のり面保護	**切土・盛土の法面保護工**	・のり面保護工法の説明と施工上の留意点	・種子散布工 ・張芝工 ・プレキャスト枠工 ・ブロック積擁壁工	1	R1
排水工	**盛土施工時の排水**	・盛土施工時の排水に関する留意点 ・盛土施工時の仮排水の目的と仮排水処理の施工上の留意点 ・切土法面排水	・盛土施工時の排水 ・切土法面の排水工 ・盛土施工時の仮排水	3	25 28, R2

2.2　出題傾向の分析と学習のポイント

出題項目と出題回数を見ると，過去10年間の出題の大部分は，**土工事，軟弱地盤対策工法，排水工**である。

最近の出題の大きな特徴は，土量計算とのり面保護はほとんど出題されなくなったことである。のり面保護は令和元年に久しぶりに出題された。

土工事においては，盛土全搬，盛土施工時の排水，軟弱地盤上への盛土施工，盛土材への建設発生土の利用等，盛土に関する出題が最も多い。特に建設発生土に関する問題が，平成28年に続き，令和２年，３年と連続出題されている。

令和４年は，情報化施工における TS・GNSS を用いた盛土の締固め管理が出題され，平成26年以降出題されていなかった開削工法における，掘削および漏水，出水時の処理について，実施方法・留意点を問う問題が出題された。

さらに，東日本大震災で各地に液状化の問題が発生したこともあり，平成23年度は４年ぶりに軟弱地盤対策工法が出題され，その後，隔年に出題され，令和３年度も出題された。

① **盛土・裏込め**では，**建設発生土を含む材料に要求される品質**，および施工の留意点（排水，締固めを含む）および，軟弱地盤上への盛土施工時の対策を覚えておく必要がある。

② **開削工法**では，**ボイリング，ヒービングの概念**とその対策はもちろん，土留め壁（鋼矢板等）や支保工の点検項目および各種現象に対する対応処置の方法を覚えておく必要がある。

③ **軟弱地盤対策工法**については，工法の**名称**，工法の**概要**，**使用目的**を関係づけて，しっかり覚えておく必要がある。特に本分野は，最近の社会状況から考えて，出題されやすい問題である。

④ **土量計算**は土工の基本であるので，いつ出題されても対応可能なように，**地山土量，ほぐし土量，締固め土量（盛土量）の関係**をしっかり把握し，運搬量，バックホウの作業量，ダンプトラックの必要台数の算出を含めた計算に習熟しておく必要がある。

⑤ **のり面保護工，排水工**については，その**名称**と工法の**概要**，**使用目的**を関係づけて，過去出題された基本的なものについては，覚えておくとよい。

2.3　出題問題と解説・解答

1問題（選択問題）

情報化施工における TS（トータルステーション）・GNSS（全球測位衛星システム）を用いた盛土の締固め管理に関する次の文章の［　　］の(イ)～(ホ)に当てはまる**適切な語句**を解答欄に記述しなさい。

(1)　施工現場周辺のシステム運用傷害の有無，TS・GNSS を用いた盛土の締固め管理システムの精度・機能について確認した結果を［(イ)］に提出する。

(2)　試験施工において，締固め回数が多いと［(ロ)］が懸念される土質の場合，［(ロ)］が発生する締固め回数を把握して，本施工での締固め回数の上限値を決定する。

(3)　本施工の盛土に使用する材料の［(ハ)］が，所定の締固め度が得られる［(ハ)］の範囲内であることを確認し，補助データとして施工当日の気象状況（天気・湿度・気温等）も記録する。

(4)　本施工では盛土施工範囲の［(ニ)］にわたって，試験施工で決定した［(ホ)］厚以下となるように［(ホ)］作業を実施し，その結果を確認するものとする。

〈R4－7〉

1解説・解答

(1)　施工現場周辺のシステム運用障害の有無，TS・GNSS を用いた盛土の締固め管理システムの精度・機能について確認した結果を［(イ) **発注者**］に提出する。

(2)　試験施工において，締固め回数が多いと［(ロ) **過転圧**］が懸念される土質の場合，［(ロ) **過転圧**］が発生する締固め回数を把握して，本施工での締固め回数の上限値を決定する。

(3)　本施工の盛土に使用する材料の［(ハ) **含水比**］が，所定の締固め度が得られる［(ハ) **含水比**］の範囲内であることを確認し，補助データとして施工当日の気象状況も記録する。

(4)　本施工では盛土施工範囲の［(ニ) **全面**］にわたって，試験施工で決定した［(ホ) **まき出し**］厚以下となるように［(ホ) **まき出し**］作業を実施し，その結果を確認するものとする。

〈解答欄〉

(イ)	(ロ)	(ハ)	(ニ)	(ホ)
発注者	過転圧	含水比	全面	まき出し

2問題（選択問題）

下図のような切梁式土留め支保工内の掘削に当たって，**下記の項目①〜③から２つ選び，その番号，実施方法又は留意点**を解答欄に記述しなさい。

ただし，解答欄の（例）と同一内容は不可とする。

① 掘削順序

② 軟弱粘性土地盤の掘削

③ 漏水，出水時の処理

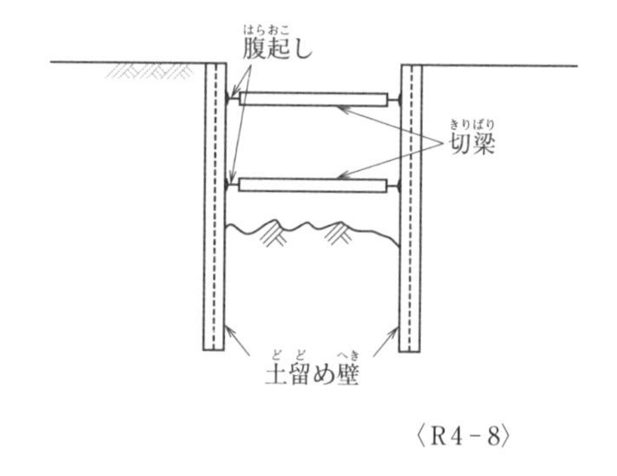

〈R4－8〉

2解説・解答

① 掘削順序

(i) 土留め壁を施工後，第１段目の腹起し，切梁を地盤面から１m以内に施工できるまで掘削する。

(ii) 第１段目の腹起し，切梁施工後，第２段目の腹起し，切梁を第１段目より下３m以内に施工できるまで掘削する。

(iii) ２段目以降は，必要な段数まで順次３m以内に腹起し，切梁が施工できるまで掘削を繰り返し，必要な深度まで掘削する。

(iv) 掘削は中央から始め，順次土留め壁側を掘削する。

(v) 土留め支保工作業主任者を選任する。

② 軟弱粘性土地盤の掘削

(i) 土留め壁の根入れ深さが浅いとき，土留め壁背面の圧力により掘削底面が膨れ上がる現象（ヒービング）が発生するので，土留め壁の根入れを十分に取る。

(ii) あらかじめ背面地盤をすきとったり，ウエルポイント等で地下水面を下げ，掘削底面に作用する土圧や水圧を低減する。

(iii) 土留め壁の変位およびヒービングの監視を行い，対策を検討しておく。

③　**漏水，出水時の処理**

(i)　土留め壁の漏水部に，モルタルなどのシール材を充てんしたり，鋼板を溶接するなどの対策をとる。

(ii)　背面地盤にウエルポイント等を設置し，地下水位を下げる処置を行う。

(iii)　出水量に対応できるポンプを設置する。

〈解答例〉解説から２つ選び記述する。

項　目	実施方法または留意点
軟弱粘性土地盤の掘削	①　土留め壁の根入れが浅いとき，土留め壁背面の圧力により掘削底面が膨れ上がる現象（ヒービング）が発生するので，土留め壁の根入れを十分に取る。施工中，土留め壁の変位とヒービングの監視を行う。 ②　あらかじめ背面地盤をすきとったり，ウエルポイント等で地下水面を下げ，掘削底面に作用する土圧や水圧を低減する。
漏水，出水時の処理	①　土留め壁の漏水部に，モルタルなどのシール材を充てんしたり，鋼板を溶接するなどの対策を取る。 ②　背面地盤にウエルポイント等を設置し，地下水位を下げる処置を行う。また，出水量に対応できるポンプを設置する。

3問題（選択問題）

建設発生土の現場利用のための安定処理に関する次の文章の［　　］の(イ)～(ホ)に当てはまる**適切な語句**を解答欄に記述しなさい。

(1)　高含水比状態にある材料あるいは強度の不足するおそれのある材料を盛土材料として利用する場合，一般に［ (イ) ］乾燥等による脱水処理が行われる。

［ (イ) ］乾燥で含水比を低下させることが困難な場合は，できるだけ場内で有効活用をするために固化材による安定処理が行おこなわれている。

(2)　セメントや石灰等の固化材による安定処理工法は，主に基礎地盤や［ (ロ) ］，路盤の改良に利用されている。道路土工への利用範囲として主なものをあげると，強度の不足する非［ (ロ) ］材料として利用するための改良や高含水比粘性土等の［ (ハ) ］の確保のための改良がある。

(3)　安定処理の施工上の留意点として，石灰・石灰系固化材の場合，白色粉末の石灰は作業中に粉塵が発生すると，作業者のみならず近隣にも影響を与えるので，作業の際は，風速，風向に注意し，粉塵の発生を極力抑えるようにする。また，作業者はマスク，防塵［ (ニ) ］を使用する。石灰・石灰系固化材と土との反応はかなり緩慢なため，十分な［ (ホ) ］期間が必要である。　〈R3-4〉

3解説・解答

(1)　掘削した発生土の土質改良工法のうち，**含水比低下**としては，**水切り**及び (イ) 天日 **乾燥**等による**脱水処理**が行われる。

(2)　**セメントや石灰などによる安定処理**は，主に基礎地盤，(ロ) 路床 ，路盤の改良に利用されている。また，盛立てや締固めに対する (ハ) トラフィカビリティー の確保のために選定される。

(3)　石灰・石灰系固化材の場合，作業中，粉塵の発生を極力抑えるようにする。作業者はマスク，防塵 (ニ) 眼鏡 を使用する。石灰・石灰系固化材と土との反応はかなり緩慢なため，十分な (ホ) 養生 期間が必要である。

〈解答欄〉

(イ)	(ロ)	(ハ)	(ニ)	(ホ)
天日	路床	トラフィカビリティー	眼鏡	養生

4問題（選択問題）

軟弱地盤対策として，下記の５つの工法の中から**２つ選び**，**工法名**，**工法の概要及び期待される効果**をそれぞれ解答欄に記述しなさい。

・サンドマット工法

・サンドドレーン工法

・深層混合処理工法（機械攪拌工法）

・薬液注入工法

・掘削置換工法

〈R3－8〉

4解説・解答

・**サンドマット工法**：軟弱地盤上に透水性の高い砂または砂礫を50～120 cmの厚さに敷均す工法。作業に必要な施工機械のトラフィカビリティを確保する。

圧密促進のために行うプレロード盛土と併用して用い，地下水の上部排水層の役割を果たす。盛土内の地下排水層となって盛土内の水位を低下させる。軟弱地盤が表層部の浅い部分だけにあるような場合は，サンドマットの施工で軟弱地盤処理の目的を果たす。

・**サンドドレーン工法**：軟弱地盤中に適当な間隔で，透水性が高い砂を鉛直に連続して打設し，砂杭を形成して，人工的に鉛直方向の排水路を設けて，粘性土の排水距離を短くして圧密時間を短縮する工法。併せて地盤強度も増加させる。

・**深層混合処理工法**（機械攪拌工法）：石灰，セメント系の土質改良安定材を，粉体あるいはスラリー状にして軟弱地盤の土と原位置で相当な深さまで強制攪拌混合して，地盤中に円柱状や壁状の改良体を造成する工法。未改良地盤と改良地盤による複合地盤として地盤強度を増加させ沈下および滑り破壊等を防止する。

・**薬液注入工法**：地盤中に水ガラス系の薬液を注入管から地中に浸透注入して改良する。透水性の減少，原地盤強度の増加，間隙水圧の低下，などを目的に地盤を改良するための補助工法の一つである。

・**掘削置換工法**：軟弱層が比較的浅い場合に用いられ，掘削により軟弱層を除去して良質土で置き換え，基礎地盤として適したものに改良する工法である。置き換えによってせん断抵抗がその部分に追加され，安全率が増加し沈下も置き換えた分だけ，小さくなる。

〈解答例〉解説から２つ選び記述する。

工法名	工法の概要	期待される効果
サンドマット工法	軟弱地盤上に透水性の高い砂または砂礫を50～120 cmの厚さに敷均す。	作業に必要な施工機械のトラフィカビリティを確保する。
深層混合処理工法	石灰，セメント系の土質改良安定剤を，紛体あるいはスラリー状にして軟弱地盤の土と原位置で相当の深さまで強制撹拌混合して，地盤中に円柱状や壁状の改良体を造成する。	未改良地盤と改良地盤による複合地盤として地盤強度を増加させ沈下および滑り破壊等を防止する。

5問題（選択問題）

建設発生土の有効利用に関する次の文章の［　　］の(イ)～(ホ)に当てはまる**適切な語句**を解答欄に記述しなさい。

(1) 高含水比の材料は，なるべく薄く敷き均した後，十分な放置期間をとり，ばっ気乾燥を行い使用するか，処理材を［ (イ) ］調整し使用する。

(2) 安定が懸念される材料は，盛土法面［ (ロ) ］の変更，ジオテキスタイル補強盛土やサンドイッチ工法の適用や排水処理などの対策を講じるか，あるいはセメントや石灰による安定処理を行う。

(3) 有用な現場発生土は，可能な限り［ (ハ) ］を行い，土羽土として有効利用する。

(4) ［ (ニ) ］のよい砂質土や礫質土は，排水材料への使用をはかる。

(5) やむを得ずスレーキングしやすい材料を盛土の路体に用いる場合には，施工後の圧縮 (ホ) を軽減するために，空気間隙率が所定の基準内となるように締め固めることが望ましい。

〈R2-2〉

5解説・解答

(1) 高含水比の材料は，薄く敷き均した後，十分な放置期間をとり，ばっ気乾燥を行い使用するか，処理材を (イ) **混合** 調整し使用する。

(2) 安定が懸念される材料は，盛土法面 (ロ) **勾配** の変更，**ジオテイスタイル補強盛土**や**サンドイッチ工法**の適用や排水処理などの対策を講じるか，あるいはセメントや石灰による安定処理を行う。

(3) 有用な現場発生土は，可能な限り (ハ) **再利用** を行い，土羽土として有効利用する。

(4) (ニ) **粒度分布** のよい砂質土や礫質土は，排水材料への使用をはかる。

(5) やむを得ずスレーキングしやすい材料を盛土の路体に用いる場合には，施工後の (ホ) **沈下** を軽減するために，空気間隙率が所定の基準内となるように締め固めることが望ましい。

〈解答欄〉

(イ)	(ロ)	(ハ)	(ニ)	(ホ)
混合	勾配	再利用	粒度分布	沈下

6問題（選択問題）

切土法面排水に関する**次の(1)，(2)の項目について，それぞれ1つずつ**解答欄に記述しなさい。

(1) 切土法面排水の目的

(2) 切土法面施工時における排水処理の留意点 〈R2-7〉

6解説・解答

(1) **切土のり面の排水の目的**

のり面の排水は，降雨，融雪により隣接地からのり面や道路各部に流入する表流水，隣接する地帯から浸透してくる地下水，あるいは地下水面の上昇等，水によるのり面や土工構造物の不安定化防止及び道路の脆弱化の防止と，良好な施工環境の確保を目的として行う。

⑵　**切土法面施工時における排水処理の留意点**

①　素掘りの溝（トレンチ）を設け，掘削する区域内にたん水しないようにする。

②　事前排水が不可能のときは，集水ますを設けポンプ排水する。

③　切土面は3～5%程度の勾配をとり，滑らかに成形する。

④　ビニールシートや土のう等による仮排水路をのり肩の上や小段に設ける。

⑤　地下水のある側に十分な深さのトレンチを設ける。

以上の中から各々１つを選んで解答する。

〈解答例〉解説から各々１つを選び記述する。

排水の目的	表水水や地下水等の水によるのり面や土工構造物の不安定化と脆弱化の防止と，良好な施工環境の確保を目的として行う。
排水処理の留意点	素掘りの溝（トレンチ）を設け，掘削する区域内にたん水しないようにする。

7問題（選択問題）

軟弱地盤の盛土施工の留意点に関する次の文章の［　　］の(イ)～(ホ)に当てはまる**適切な語句**を解答欄に記述しなさい。

⑴　準備排水は，施工機械のトラフィカビリティーが確保できるように，軟弱地盤の表面に［(イ)］排水溝を設けて，表面排水の処理に役立てる。

⑵　軟弱地盤上の盛土では，盛土［(ロ)］付近の沈下量が法肩部付近に比較して大きいので，盛土施工中はできるだけ施工面に4%～5% 程度の横断勾配をつけて，表面を平滑に仕上げ，雨水の［(ハ)］を防止する。

⑶　軟弱地盤においては，［(ニ)］移動や沈下によって丁張りが移動や傾斜したりすることがあるので，盛土施工の途中で盛土形状や寸法のチェックは忘れてはならない。

⑷　盛土荷重による沈下量の大きい区間では，法面勾配を計画勾配で仕上げると，沈下によって盛土天端の幅員が不足し，［(ホ)］盛土が必要となることが多い。このため，併用後の沈下をあらかじめ見込んだ勾配で仕上げ，余裕幅を設けて施工することが望ましい。

〈R1－2〉

7解説・解答

⑴　準備排水は，施工機械のトラフィカビリティーを確保できるように，軟弱地盤の表面に［(イ) 素掘り］排水溝を設けて，表面排水の処理に役立てる。

⑵　軟弱地盤上の盛土では，盛土［(ロ) 中央］付近の沈下量が法肩付近に比較して大き

いので，盛土施工中はできるだけ施工面に**4％～5％程度の横断勾配**をつけて，表面を平滑に仕上げ，雨水の［(ハ) 浸透］を防止する。

(3) 軟弱地盤においては，［(ニ) 側方］**移動**や沈下によって丁張りが移動や傾斜したりすることがあるので，盛土施工の途中で盛土形状や寸法のチェックを忘れてはならない。

(4) 盛土荷重による沈下量の大きい区間では，法面勾配を計画勾配で仕上げると，沈下によって盛土天端の幅員が不足し，［(ホ) 腹付け］**盛土**が必要となることが多い。このため，供用後の沈下をあらかじめ見込んだ勾配で仕上げ，余裕幅を設けて施工することが望ましい。

〈解答欄〉

(イ)	(ロ)	(ハ)	(ニ)	(ホ)
素掘り	中央	浸透	側方	腹付け

8問題（選択問題）

切土・盛土の法面保護工として実施する次の4つの工法の中から**2つ選び，その工法の説明（概要）と施工上の留意点について**，解答欄の（例）を参考にして，それぞれの解答欄に記述しなさい。

ただし，工法の説明（概要）及び施工上の留意点の同一解答は不可とする。

・種子散布工

・張芝工

・プレキャスト枠工

・ブロック積擁壁工

〈R1－7〉

8解説・解答

工法名	工法概要	施工上の留意点
種子散布工	種子，肥料，ファイバーなどを水に混合して法面にポンプまたは吹付用ガンで吹き付ける。	芝が生育するまでに時間を要することから，比較的法面勾配がゆるい，透水性のよい安定した法面に用いる。
張芝工	芝を法面に張り付ける工法で，ベタ張りすると張芝工の完成と同時に法面の保護効果がでる。	目串を用いて法面に固定する。 目地を通さない1：1.0より緩やかな勾配の法面に適用される。

プレキャスト枠工	あらかじめ製作された枠を法面に設置する。プレキャスト枠には，プラスチック枠，鋼製およびコンクリートブロック製等があるが，耐久性等からコンクリートブロック製が多い。	すべり止めのためには，枠の交点部分に，アンカーピンを打ち込む。
ブロック積擁壁工	コンクリートブロックを法面に張り付け設置する。法面の風化および浸食防止を主目的として1：1.0より緩い法面で粘着力のない土砂，土丹ならびに崩れやすい粘土などの法面に用いられる。	湧水や浸透水のある場合は排水処理を行う。裏側には，栗石，切込み砂利を詰めるとともに，土粒子が流出しないようにフィルターなどで処置する。空張りと練張りとがあり，高さ3m以上になるとはらみ出しのおそれがあるので練張りとして，水抜き孔を十分に配置する。

〈解答例〉解説の中から２つ選んで記述する

工法名	工法概要	施工上の留意点
種子散布工	種子，肥料，ファイバーなどを水に混合して法面にポンプまたは吹付用ガンで吹き付ける。	芝が生育するまでに時間を要することから，比較的法面勾配がゆるい，透水性のよい安定した法面に用いる。
張芝工	芝を法面に張り付ける工法で，ベタ張りすると張芝工の完成と同時に法面の保護効果がでる。	目串を用いて法面に固定する。 目地を通さない1：1.0より緩やかな勾配の法面に適用される。

学科記述

9問題（選択問題）

盛土の施工に関する次の文章の［　　］の(イ)～(ホ)に当てはまる**適切な語句又は数値**を解答欄に記述しなさい。

(1)　盛土の基礎地盤は，盛土の施工に先立って適切な処理を行わなければならない。特に，沢部や湧水の多い箇所での盛土の施工においては，適切な［　(イ)　］を行うものとする。

(2)　盛土に用いる材料は，敷均し・締固めが容易で締固め後の［　(ロ)　］が高く，圧縮性が小さく，雨水などの侵食に強いとともに，吸水による［　(ハ)　］が低いことが望ましい。粒度配合のよい礫質土や砂質土がこれにあたる。

(3)　敷均し厚さは，盛土材料の粒度や土質，締固め機械，施工方法などの条件に左右されるが，一般的に路体では1層の締固め後の仕上り厚さを［　(ニ)　］cm以下とする。

(4)　原則として締固め時に規定される施工含水比が得られるように，敷均し時には［　(ホ)　］を行うものとする。［　(ホ)　］には，ばっ気と散水がある。〈H30－2〉

9解説・解答

(1) **盛土の基礎地盤**は，盛土の施工に先立って適切な処理を行わなければならない。特に，沢部や湧水の多い箇所での盛土の施工においては，適切な **(イ) 排水処理** を行うものとする。

(2) **盛土に用いる材料**は，敷均し，締固めが容易で締固め後の **(ロ) せん断強度** が高く，**圧縮性**が小さく，雨水などの侵食に強いとともに，吸水による **(ハ) 膨潤性** が低いことが望ましい。粒度配合のよい礫質土や砂質土がこれにあたる。

(3) **敷均し厚さ**は，盛土材料の粒度や土質，締固め機械，施工方法などの条件に左右されるが，一般的に路体では1層の締固め後の仕上り厚さを **(ニ) 30 cm以下**とする。

(4) 原則として締固め時に規定される**施工含水比**が得られるように，敷均し時には **(ホ) 含水量調節** を行うものとする。**(ホ) 含水量調節** には，ばっ気と散水がある。

〈解答欄〉

(イ)	(ロ)	(ハ)	(ニ)	(ホ)
排水処理	せん断強度	膨潤性	30	含水量調節

10問題（選択問題）

盛土材料の改良に用いる固化材に関する次の**2項目について，それぞれ1つずつ特徴又は施工上の留意事項**を解答欄に記述しなさい。

ただし，(1)と(2)の解答はそれぞれ異なるものとする。

(1) 石灰・石灰系固化材

(2) セメント・セメント系固化材

〈H30－7〉

10解説・解答

(1) **石灰・石灰系固化材**

(i) **特徴**

① 粘性土に適し，固化材を添加して土の安定性と耐久性を増大させる工法である。

② 石灰の化学反応を利用するもので，一つは粘土鉱物とイオン交換を行って粘土の性質を変えることであり，もう一つはポゾラン反応によって固化することである。

③ 使用される石灰には消石灰と生石灰がある。最近はこれらに種々の添加剤を混入した石灰系固化材もある。

(ii)　**施工上の留意点**

①　特に粘性土の場合は，混合を十分に行わなければならない。

②　土との反応はかなり緩慢なため，十分な養生期間が必要である。

③　石灰系固化材では，室内試験の実施とともに施工例を調べ，現場条件に適合したものを選ばなければならない。

④　白色粉末の石灰使用のときは，作業の際は風速，風向に注意し，粉じんの発生を極力おさえ，作業者はマスク，防塵メガネを使用すること。

⑤　生石灰は水和熱が大きいため，取扱い中は水分に気を付け，やけどをしないよう衣服・手袋を着用すること。

(2)　**セメント・セメント系固化材**

(i)　**特徴**

①　山砂等のシルトや細粒分を多く含む砂質土に適する。

②　セメントの接着硬化能力によって土を改良し，必要な強度をもたせる工法で，一般に**ソイルセメント工法**といわれる。

③　粒子間の結合力の弱い粗性土では，機械的な混合により粉砕と混合を同時に行うと効果的である。粘性土の場合には，粉砕と混合を十分に行わなければならない。

④　固化後の改良土から六価クロムが溶出する場合があるので，適切に処理しなければならない。

(ii)　**施工上の留意点**

①　施工中は排水に留意する。降雨に対しては表面を平滑に転圧するか，シートで被覆するなどの対策をとる。

②　施工中，表面が乾燥しないよう，散水することも重要である。

③　冬期，寒冷地ではセメントの水和反応が低下するため温度対策が必要である。このため，早強セメントや塩化カルシウムを添加することがある。

以上の解説の中から，各々１つずつ特徴または施工上の留意事項を選択し，解答欄に記述する。

〈解答例〉解説の中から各々１つ選んで記述する。

石灰・石灰系固化材	粘性土に適し，固化材を添加して土の安定性と耐久性を増大させる工法。
セメント・セメント系固化材	施工中は排水に留意する。降雨に対しては表面を平滑に転圧するか，シートで被覆するなどの対策をとる。主に砂質土に使用する。

3章 コンクリート工

3.1 出題項目と出題回数

分野	出題項目	出題内容	主な用語	回数	出題年度
鉄筋・型枠・支保工	・鉄筋・型枠・支保工	・鉄筋工・型枠工・支保工施工の注意事項	・型枠の締付と取外し順序と留意事項	1	30
耐久性・ひび割れ	・耐久性	・劣化原因とその劣化現象の概要 ・アルカリシリカ反応の防止と抑制対策 ・コンクリート中の鋼材の腐食の抑制対策	・中性化 ・塩害 ・凍害 ・アルカリシリカ反応 ・鋼材の腐食	3	R1, 27, 26
	・ひび割れ	・ひび割れの発生原因とその対策 ・マスコンクリートの温度ひび割れ ・各種ひび割れの防止対策	・沈みひび割れ ・マスコンクリートの打込み・養生 ・コールドジョイント ・水和熱による温度ひび割れ ・アルカリシリカ反応によるひび割れ	3	R4, R2, 25
施　工	・施工全般	・打込み，締固め等施工全般についての留意事項 ・コンクリート構造物の施工 ・コンクリートの施工	・スペーサー ・ブリーディング ・金ゴテ・タンピング ・レイタンス ・材料分離 ・再振動 ・付着強度 ・防錆処理 ・型枠に作用する側圧	3	R3, R1, 28
	・特殊コンクリートの打込み	・暑中コンクリートの打込み	・暑中コンクリート ・打込み・養生	3	29, 27, 25
		・寒中コンクリートの打込み	・寒中コンクリート ・初期凍害 ・給熱養生	1	28
	・打継目	・打継目の施工に関する留意点 ・打ち重ねる場合の施工上の留意点	・水平打継目 ・鉛直打継目 ・打継目を設ける位置 ・上層・下層の一体化	4	R4, R1, 30, 27
	・運搬	・コンクリートポンプによる圧送の注意事項 ・斜めシュート，バケットによる運搬の注意事項	・コンクリートポンプ ・斜めシュート ・バケット	1	29

	・養生	・養生に関する全般	・ひび割れ ・水和反応 ・湿潤養生，給熱養生 ・養生マット・養生剤 ・寒中コンクリート ・混合セメントＢ種	5	R1, 30, 28, 26 **R3（必須問題）**
	・混和剤 ・混和材	・混和剤・混和材名と使用目的	・AE 剤・減水剤 ・スランプ ・フライアッシュ ・高炉スラグ	1	R2

3.2 出題傾向の分析と学習のポイント

出題項目と出題回数を見ると，過去10年間の出題の半分以上は，施工（打込み，締固め，養生），耐久性（劣化要因，ひび割れ，鉄筋の保護）が占めている。特に近年は，養生に関する出題頻度が増加し，令和３年度も必須問題として出題された。また，打継目に関する出題も増加し（３年に１回），令和４年度も出題された。

ここ数年間は，出題方法が変化し，コンクリートまたはコンクリート構造物の施工全般について，７～10の選択肢を与え，２～３の適切でない箇所を指摘し訂正する問題（平成18年度～平成23年度の間で５回出題）が陰をひそめ，□の穴うめ，または，重要な用語の説明に変化していたが，令和３年度に，久しぶりに，復活出題された。今後続く可能性もあり，幅広い知識が要求される。

① **施工全般**では，特に寒中，暑中，マスコンクリートの施工上の留意点，締固めでは，内部振動機の使用上の留意点，養生については，温度と養生期間の関係および湿潤養生と給熱養生について覚えておく必要がある。

② **耐久性**では，**劣化要因**（中性化，塩害，凍害，アルカリシリカ反応，化学的腐食）の**発生原因と現象**およびその対策の関係を，**ひび割れ**（温度，沈み，プラスチック，乾燥収縮，ブリーディング，コールドジョイント）の**発生原因と現象**およびその対策の関係を対応づけて，しっかり覚えておく必要がある。令和４年度は，コンクリートに発生したひび割れ図が提示され，その防止対策を問う問題であった。

③ **鉄筋工**については，かぶり，鉄筋の加工，継手の施工（ガス圧接，溶接，機械式）に関する留意点および，エポキシ樹脂塗装鉄筋を使用する際の留意点を覚えておく必要がある。

④ **型枠工**については，型枠を取り外す時の順番および型枠を取り外した後の締め付け材の処置等の留意事項，型枠に作用する**側圧の大小**等。支保工については設計時および使用中の点検項目等の留意事項を把握しておく必要がある。

3.3　出題問題と解説・解答

1問題（選択問題）

コンクリートの打継目の施工に関する次の文章の［　　］の(イ)～(ホ)に当てはまる**適切な語句**を解答欄に記述しなさい。

(1) 打継目は，できるだけせん断力の［(イ)］位置に設け，打継面を部材の圧縮力の作用方向と直交させるのを原則とする。海洋及び港湾コンクリート構造物等では，外部塩分が打継目を浸透し，［(ロ)］の腐食を促進する可能性があるのでできるだけ設けないのがよい。

(2) コンクリートを水平に打ち継ぐ場合には，既に打ち込まれたコンクリートの表面のレイタンス，品質の悪いコンクリート，緩んだ骨材粒等を完全に取り除き，コンクリート表面を［(ハ)］にした後，十分に吸水させなければならない。

(3) 既に打ち込まれ硬化したコンクリートの鉛直打継面は，ワイヤブラシで表面を削るか，［(ニ)］等により［(ハ)］にして十分吸水させた後，新しいコンクリートを打ち継がなければならない。

(4) 水密性を要するコンクリート構造物の鉛直打継目には［(ホ)］を用いることを原則とする。

〈R4-4〉

学科記述

1解説・解答

(1) 打継目は，できるだけせん断力の［(イ) 小さい］位置に設け，打継面を部材の圧縮力の作用方向と直交させるのを原則とする。海洋及び港湾コンクリート構造物等では，外部塩分が打継目を浸透し，［(ロ) 鉄筋］の腐食を促進する可能性があるのでできるだけ設けないのがよい。

(2) コンクリートを水平に打ち継ぐ場合には，既に打ち込まれたコンクリートの表面のレイタンス，品質の悪いコンクリート，緩んだ骨材粒等を完全に取り除き，コンクリート表面を［(ハ) 粗］にした後，十分に吸水させなければならない。

(3) 既に打ち込まれ硬化したコンクリートの鉛直打継面は，ワイヤブラシで表面を削るか，［(ニ) チッピング］等により［(ハ) 粗］にして十分吸水させた後，新しいコンクリートを打ち継がなければならない。

(4) 水密性を要するコンクリート構造物の鉛直打継目には，［(ホ) 止水板］を用いることを原則とする。

〈解答欄〉

(イ)	(ロ)	(ハ)	(ニ)	(ホ)
小さい	鉄筋	粗	チッピング	止水板

2問題（選択問題）

コンクリートに発生したひび割れ等の**下記の状況図①～④から２つ選び，その番号，防止対策**を解答欄に記述しなさい。

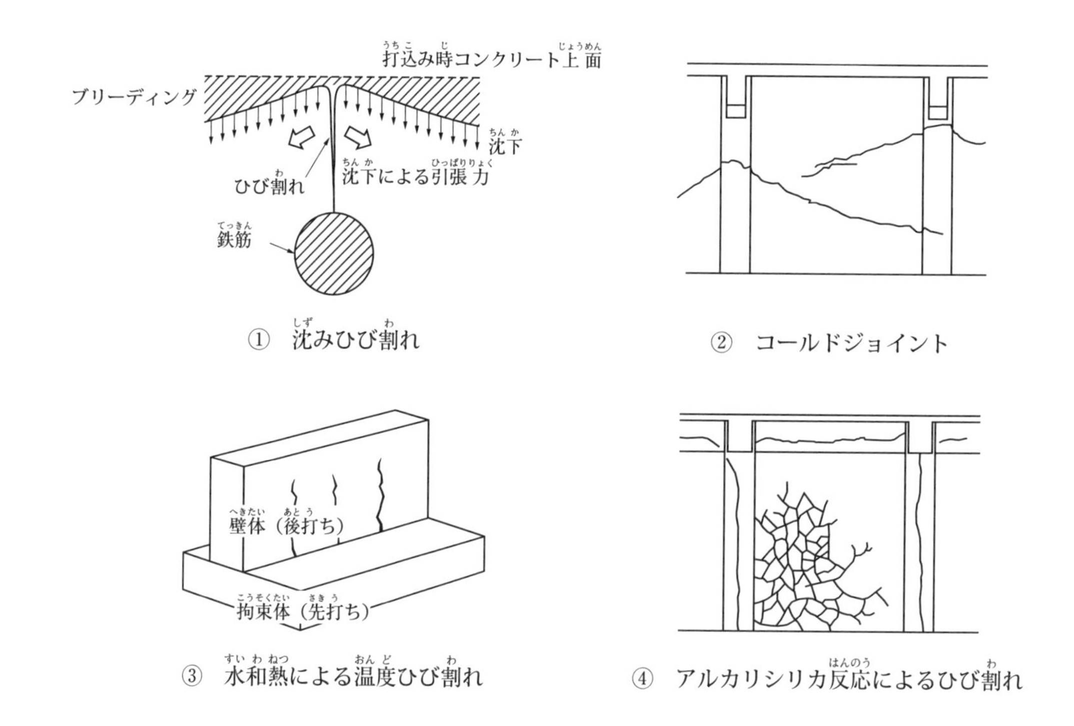

① 沈みひび割れ　② コールドジョイント

③ 水和熱による温度ひび割れ　④ アルカリシリカ反応によるひび割れ

〈R4－9〉

1解説・解答

① 沈みひび割れ

・ブリーディングを低減するとともに，適切な時期にタンピングや再振動を施す。

・減水効果を有する混和材料を用い，単位水量の少ない配合とする。

・柱と梁は連続して打設しない。

② コールドジョイント

・コンクリートの許容打重ね時間間隔を守る。

・上層と下層が一体となるように，振動棒を下層に10 cm 程度挿入し，締固めを行うとともに，振動棒の挿入間隔を50 cm 以内とする。

③　水和熱による温度ひび割れ

・低発熱セメント（低発熱型高炉セメント等）を用いる。

・粗骨材の最大寸法を大きくしたり，高性能減水剤や流動化剤を使用し，単位セメント量をできるだけ少なくする。

・施工時の材料の温度を低く抑える。

④　アルカリシリカ反応によるひび割れ

・アルカリシリカ反応性試験で無害であると確認された骨材を使用する。

・コンクリート中のアルカリ総量を3 kg/m³以下とする。

・高炉セメント，フライアッシュセメントのB，C種を使用する。

〈解答例〉解説から２つを選び解答欄に記述する。

番号	ひび割れ	防止対策
②	コールドジョイント	コンクリートの打重ね許容時間間隔を守るとともに，下層のコンクリートが固まる前に打継ぎ，上下層が一体となるよう，振動棒を10 cm 程度下層に貫入し，挿入間隔を50 cm以内とし締め固める。
④	アルカリシリカ反応によるひび割れ	無害と判定された骨材を用いる。高炉セメントやフライアッシュセメントのB，C種を用いたり，コンクリート中のアルカリ総量を3.0 kg/m³以下にするなどの対策をとる。

3問題（必須問題）

コンクリートの養生に関する次の文章の［　　］の(イ)～(ホ)に当てはまる**適切な語句**を解答欄に記述しなさい。

(1)　打込後のコンクリートは，セメントの［(イ)］反応が阻害されないように表面からの乾燥を防止する必要がある。

(2)　打込後のコンクリートは，その部位に応じた適切な養生方法により，一定期間は十分な［(ロ)］状態に保もたなければならない。

(3)　養生期間は，セメントの種類や環境温度等に応じて適切に定めなければならない。日平均気温15℃以上の場合，［(ハ)］を使用した際には，養生期間は７日を標準とする。

(4)　暑中コンクリートでは，特に気温が高く，また，湿度が低い場合には，表面が急激に乾燥し［(ニ)］が生じやすいので，［(ホ)］又は覆い等による適切な処置を行い，表面の乾燥を抑えることが大切である。　〈R3－2〉

3解説・解答

コンクリート標準示方費施工編第８章養生，及び第13章暑中コンクリートに規定されている内容は下記の通りである。

(1)　コンクリートは，打込み後ごく早い時期に表面が乾燥して内部の水分が失われると，セメントの (イ) 水和 **反応**が十分に行われず，また，特に直射日光や風などによって表面だけが急激に乾燥すると，ひび割れ発生の原因となる。

(2)　コンクリートの力学性能，耐久性，およびその他の性質等の品質を高めるためには，できるだけ長く (ロ) 湿潤 **状態**に保つのがよい。

(3)　しかし，長期間湿潤養生することは，一般の構造物においては困難で，また不経済でもある。しかも，湿潤養生の効果の大部分は初期の養生期に限られているので，日平均気温15℃の場合の標準的な養生期間を，普通ポルトランドセメント５日，(ハ) 混合セメントＢ種 ７日，早強ポルトランドセメント３日と定めている。

(4)　特に気温が高く，また，湿度が低い場合には，表面が急激に乾燥し (ニ) ひび割れ が生じやすいので，このような場合には (ホ) 散水 または覆い等による適切な処理を行い，表面の乾燥を抑えることが大切である。尚，本文章は，13章の通りで，散水の用語が用いられているが，８章では，給水及び湛水・散水の用語が用いられており，これらの用語でも，得点は得られると思われる。

〈解答欄〉

イ	ロ	ハ	ニ	ホ
水和	湿潤	混合セメントＢ種	ひび割れ	散水

4問題（選択問題）

コンクリートの施工に関する次の①～④の記述のすべてについて，適切でない語句が文中に含まれている。**①～④のうちから２つ選び，番号，適切でない語句及び適切な語句**をそれぞれ解答欄に記述しなさい。

①　コンクリート中にできた空隙や余剰水を少なくするための再振動を行う適切な時期は，締め固めによって再び流動性が戻る状態の範囲でできるだけ早い時期がよい。

②　仕上げ作業後，コンクリートが固まり始めるまでの間に発生したひび割れは，棒状バイブレータと再仕上げによって修復しなければならない。

③　コンクリートを打ち継ぐ場合には，既に打ち込まれたコンクリートの表面のレイタンス等を完全に取り除き，コンクリート表面を粗にした後，十分に乾燥させなければならない。

④　型枠底面に設置するスペーサは，鉄筋の荷重を直接支える必要があるので，鉄製を使用する。　〈R3-9〉

4 解説・解答

①　コンクリート中にできた空隙や余剰水を少なくするための再振動を行う適切な時期は，締固めによって再び流動性が戻る状態の範囲でできるだけ遅い時期がよい。

②　仕上げ作業後，コンクリートが固まり始めるまでの間に生じたひび割れは，金ゴテでタンピングによって修復しなければならない。

③　コンクリートを打ち継ぐ場合には，既に打ち込まれたコンクリートの表面の**レイタンス**等を完全に取り除き，コンクリート表面を粗にした後，十分に湿潤にさせなければならない。

④　型枠底面に設置する**スペーサ**は，鉄筋の荷重を直接支える必要があるので，モルタルまたはコンクリート製を使用する。

〈解答例〉解説から２つを選び解答欄に記述する。

番号	適切でない語句	適切な語句
③	十分に乾燥させなければならない。	十分に湿潤にさせなければならない
④	鉄製を使用する。	モルタルまたはコンクリート製を使用する。

学科記述

5 問題（選択問題）

コンクリートの混和材料に関する次の文章の［　　］の(イ)～(ホ)に当てはまる**適切な語句**を解答欄に記述しなさい。

(1)　［(イ)］は，水和熱による温度上昇の低減，長期材齢における強度増進など，優れた効果が期待でき，一般にはⅡ種が用いられることが多い混和材である。

(2)　膨張材は，乾燥収縮や硬化収縮に起因する［(ロ)］の発生を低減できることなど優れた効果が得られる。

(3)　［(ハ)］微粉末は，硫酸，硫酸塩や海水に対する化学抵抗性の改善，アルカリシリカ反応の抑制，高強度を得ることができる混和材である。

(4)　流動化剤は，主として運搬時間が長い場合に，流動化後の［(ニ)］ロスを低減させる混和剤である。

(5) 高性能［(ホ)］は，ワーカビリティーや圧送性の改善，単位水量の低減，耐凍害性の向上，水密性の改善など，多くの効果が期待でき，標準形と遅延形の２種類に分けられる混和剤である。　〈R2-3〉

5解説・解答

(1) (イ) フライアッシュ は，水和熱による温度上昇の低減，長期材齢における強度増進など，優れた効果が期待でき，一般にはⅡ種が用いられることが多い。

(2) 膨張材は，乾燥収縮や硬化収縮に起因する (ロ) ひび割れ の発生を低減できるなど優れた効果が得られる。

(3) (ハ) 高炉スラグ 微粉末は，硫酸，硫酸塩や海水に対する化学抵抗性の改善，アルカリシリカ反応の抑制，高強度を得ることができる混和材である。

(4) 流動化剤は，主として運搬時間が長い場合に，流動化後の (ニ) スランプ ロスを低減させる混和剤である。

(5) 高性能 (ホ) AE 減水剤 は，ワーカビリティーや圧送性の改善，単位水量の低減，耐凍害性の向上，水密性の改着など，多くの効果が期待でき，標準形と建延形の２種類に分けられる混和剤である。

〈解答欄〉

(イ)	(ロ)	(ハ)	(ニ)	(ホ)
フライアッシュ	ひび割れ	高炉スラグ	スランプ	AE 減水剤

6問題（選択問題）

コンクリート打込み後に発生する，**次のひび割れの発生原因と施工現場における防止対策をそれぞれ１つずつ**解答欄に記述しなさい。

ただし，材料に関するものは除く。

(1) 初期段階に発生する沈みひび割れ

(2) マスコンクリートの温度ひび割れ

〈R２-８〉

6解説・解答

(1) 初期段階に発生する沈みひび割れ

① 発生要因

a. コンクリートの沈下が鉄筋や埋設物に拘束された場合，沈みひび割れが発生することがある。

b. スラブまたは梁のコンクリートが壁または柱のコンクリートと連続している場合，連続して打込むと沈みひび割れが発生することがある。

②　**防止対策**

a. 締固めを入念に行うとともに，発生した場合，タンピングや再振動の処置を行う。

b. 壁または柱のコンクリートの沈下収縮がほぼ終了してからスラブまたは梁のコンクリートを打込むことを標準とする。

(2)　マスコンクリートの温度ひび割れ

①　**発生原因**

セメントの水和作用に伴う発熱によってコンクリートの温度が上昇し，コンクリート表面と内部の温度差による拘束（内部拘束），また温度降下する際に，地盤や既設コンクリートによって受ける拘束（外部拘束）などにより部材に**温度応力が発生**する。この応力が，コンクリートの引張強度より大きくなると，温度ひび割れが発生する。

②　**防止対策**

a. 中庸熱ポルトランドセメント，高炉セメント，フライアッシュセメント等の低発熱型セメントを使用する。

b. AE剤，減水剤，AE減水剤，高性能AE減水剤を適切に使用し，単位水量，単位セメント量を減らす。

c. コンクリートの打込み温度は，ワーカビリティや強度発現に悪影響を及ぼさない範囲で，できるだけ低くする。

d. コンクリートの打込み区画の大きさ，リフト高さ，継目の位置及び構造，打継ぎ時間間隔などをひび割れ防止ができるように検討する。

〈解答例〉解説の中から，それぞれ1つを選んで解答欄に記述する。

初期段階に発生する沈みひび割れ	発生原因	コンクリートの沈下が鉄筋や埋設物に拘束された場合，沈みひび割れが発生することがある。
	防止対策	締固めを入念に行うとともに，発生した場合，タンピングや再振動の処置を行う。
マスコンクリートの温度ひび割れ	発生原因	コンクリート表面と内部の温度差による拘束により温度応力が発生し，この応力が引張強度より大きくなると，温度ひび割れが発生する。
	防止対策	中庸熱ポルトランドセメント，高炉セメント，フライアッシュセメント等の低発熱型セメントを使用する。

7問題（選択問題）

コンクリート構造物の施工に関する次の文章の［　　］の(イ)～(ホ)に当てはまる**適切な語句**を解答欄に記述しなさい。

(1) 継目は設計図書に示されている所定の位置に設けなければならないが，施工条件から打継目を設ける場合は，打継目はできるだけせん断力の［ (イ) ］位置に設けることを原則とする。

(2) ［ (ロ) ］は鉄筋を適切な位置に保持し，所要のかぶりを確保するために，使用箇所に適した材質のものを，適切に配置することが重要である。

(3) 組み立てた鉄筋の一部が長時間大気にさらされる場合には，鉄筋の［ (ハ) ］処理を行うか，シートなどによる保護を行う。

(4) コンクリート打込み時に型枠に作用するコンクリートの側圧は，一般に打上がり速度が速いほど，また，コンクリート温度が低いほど［ (ニ) ］なる。

(5) コンクリートの打込み後の一定期間は，十分な［ (ホ) ］状態と適当な温度に保ち，かつ有害な作用の影響を受けないように養生をしなければならない。

〈R1-3〉

7解説・解答

(1) 継目は設計図書に示されている所定の位置に設けなければならないが，施工条件から打継目を設ける場合は，打継目はできるだけ**せん断力の**［(イ) 小さい］位置に設けることを原則とする。

(2) ［(ロ) スペーサー］は鉄筋を適切な位置に保持し，所要のかぶりを確保するために，使用箇所に適した材質のものを，適切に配置することが重要である。

(3) 組み立てた鉄筋の一部が長時間大気にさらされる場合には，鉄筋の［(ハ) 防錆］処理を行うか，シートなどによる保護を行う。

(4) コンクリート打込み時に型枠に作用する**コンクリートの側圧**は，一般に**打上がり速度が速いほど**，また，**コンクリート温度が低いほど**［(ニ) 大きく］なる。

(5) コンクリートの打込み後の一定期間は，十分な［(ホ) 湿潤］状態と適当な温度に保ち，かつ有害な作用の影響を受けないように養生をしなければならない。

〈解答欄〉

(イ)	(ロ)	(ハ)	(ニ)	(ホ)
小さい	スペーサー	防錆	大きく	湿潤

8 問題（選択問題）

コンクリート構造物の次の施工時に関して，コンクリートを打ち重ねる場合に，上層と下層を一体とするための**施工上の留意点について，それぞれ１つずつ**解答欄に記述しなさい。

(1)　打込み時

(2)　締固め時

〈R1-8〉

8 解説・解答

打ち重ね時の施工上の留意点は，以下のとおりである。

(1)　**打込み時**

①　コンクリートを２層以上に分けて打込む場合，上層と下層が一体となるように施工する。

②　**コールドジョイント**が発生しないよう，１施工区画の面積，コンクリートの供給能力，**許容打重ね時間の間隔等**を定める。

③　**許容打重ね時間間隔**は，**外気温が**25℃以下で2.5時間，25℃を超える場合は２時間である。

④　コンクリートは，表面が１区画内でほぼ水平になるように打込む。

⑤　**コンクリート打込みの１層の高さ**は，使用する内部振動機の性能などを考慮して40～50 cm 以下とする。

(2)　**締固め時**

①　内部振動機を用いることを原則とする。

②　**振動機**は下層のコンクリート中に10 cm 程度挿入し，**１箇所あたりの振動時間は**５～15秒とする。

③　**内部振動機**は，なるべく鉛直に挿入し，その間隔は振動が有効と認められる範囲の直径以下とする。**挿入間隔**は一般に50 cm 以下に差し込んで締め固める。

〈解答例〉解説から，それぞれ１つずつを選んで解答欄に記述する。

	上層と下層を一体とするための施工上の留意点
打込み時	コンクリートを２層以上に分けて打込む場合，上層と下層が一体となるように施工する。
締固め時	内部振動機を下層のコンクリート中に10 cm 程度挿入し，1箇所あたりの振動時間は5～15秒とする。

9問題（選択問題）

コンクリート構造物の劣化原因である次の３つの中から**２つ選び，施工時における劣化防止対策について，それぞれ１つずつ**解答欄に記述しなさい。

・塩害

・凍害

・アルカリシリカ反応 〈R1－9〉

9解説・解答

コンクリート構造物の施工時における劣化防止対策は，以下のとおりである。

・**塩害**：① 高炉セメントなどの混合セメントを使用する。② 水セメント比を小さくして密実なコンクリートとする。③ かぶりを大きくする。④ エポキシ樹脂鉄筋を使用する。⑤ レディーミクストコンクリートの**塩化物の含有量**を0.3 kg/m³以下とする。

・**凍害**：① コンクリート打設時の**日平均気温が４℃以下**の場合は，寒中コンクリートとして凍結対策を行う。② 水セメント比を小さくして密実なコンクリートとする。③ 骨材や練混ぜ水を加温する。④ 強度が5 N/mm²になるまで５℃以上を保つ。⑤ 単位水量を少なくする。⑥ 凍結・融解に抵抗性が高いAEコンクリートとする。

・**アルカリシリカ反応**：① アルカリシリカ反応試験（化学法，モルタルバー法）で区分Ａ「無害」の骨材を使う。② 高炉セメント，フライアッシュセメントを使う。③ 区分Ｂを使用のときは所定の抑制対策を行う。④ **コンクリート中のアルカリ総量**を，酸化ナトリウム換算で3.0 kg/m³以内にする。

〈解答例〉解説から，それぞれ１つずつ選んで解答欄に記述する。

劣化原因	施工時における劣化防止対策
塩害	水セメント比を小さくして密実なコンクリートとする。
凍害	強度が５N/mm²になるまで５℃以上を保つ。

10問題（選択問題）

コンクリートの養生に関する次の文章の［　　］の(イ)～(ホ)に当てはまる**適切な語句**を解答欄に記述しなさい。

(1)　コンクリートが，所要の強度，劣化に対する抵抗性などを確保するためには，セメントの［(イ)］反応を十分に進行させる必要がある。したがって，打ち込み後の一定期間は，コンクリートを適当な温度のもとで，十分な［(ロ)］状態に保つ必要がある。

(2)　打込み後のコンクリートの打上がり面は，日射や風の影響などによって水分の逸散を生じやすいので，湛水，散水，あるいは十分に水を含む［(ハ)］により給水による養生を行う。

(3)　フライアッシュセメントや高炉セメントなどの混合セメントを使用する場合，普通ポルトランドセメントに比べて養生期間を［(ニ)］することが必要である。

(4)　［(ホ)］剤の散布あるいは塗布によって，コンクリートの露出面の養生を行う場合には，所要の性能が確保できる使用量や施工方法などを事前に確認する。

〈H30－3〉

10解説・解答

(1)　コンクリートが，所要の強度，劣化に対する抵抗性などを確保するためには，セメントの［(イ) 水和］**反応**を十分に進行させる必要がある。したがって，打込み後の一定期間は，コンクリートを適当な温度のもとで，十分な［(ロ) 湿潤］**状態に保つ**必要がある。

(2)　打込み後のコンクリートの打上がり面は，日射や風の影響などによって水分の逸散を生じやすいので，湛水，散水，あるいは十分に水を含む［(ハ) 湿布や養生マット］により給水による養生を行う。

(3)　フライアッシュセメントや高炉セメントなどの**混合セメント**を使用する場合，普通ポルトランドセメントに比べて**養生期間を**［(ニ) 長く］することが必要である。

(4)　［(ホ) 膜養生］剤の散布あるい塗布によって，コンクリートの露出面の養生を行う場合には，所要の性能が確保できる使用量や施工方法などを事前に確認する。

〈解答欄〉

(イ)	(ロ)	(ハ)	(ニ)	(ホ)
水和	湿潤	湿布や養生マット	長く	膜養生

11問題（選択問題）

鉄筋コンクリート構造物における型枠及び支保工の取外しに関する次の文章の［　　］の(イ)～(ホ)に当てはまる**適切な語句又は数値**を解答欄に記述しなさい。

(1) 型枠及び支保工は，コンクリートがその［(イ)］及び［(ロ)］に加わる荷重を受けるのに必要な強度に達するまで取り外してはならない。

(2) 型枠及び支保工の取外しの時期及び順序は，コンクリートの強度，構造物の種類とその［(ハ)］，部材の種類及び大きさ，気温，天候，風通しなどを考慮する。

(3) フーチング側面のように厚い部材の鉛直又は鉛直に近い面，傾いた上面，小さなアーチの外面は，一般的にコンクリートの圧縮強度が［(ニ)］（N/mm^2）以上で型枠及び支保工を取り外してよい。

(4) 型枠及び支保工を取り外した直後の構造物に載荷する場合は，コンクリートの強度，構造物の種類，［(ホ)］荷重の種類と大きさなどを考慮する。

〈H30－4〉

11解説・解答

(1) **型枠及び支保工**は，コンクリートがその［(イ) 自重］及び［(ロ) 施工期間中］に加わる荷重を受けるのに必要な強度に達するまで取り外してはならない。

(2) 型枠及び支保工の**取外しの時期及び順序**は，コンクリートの強度，構造物の種類とその［(ハ) 重要度］，部材の種類及び大きさ，気温，天候，風通しなどを考慮する。

(3) フーチング側面のように厚い部材の鉛直又は鉛直に近い面，傾いた上面，小さなアーチの外面は，一般的にコンクリートの圧縮強度が［(ニ) 3.5］（N/mm^2）**以上で型枠及び支保工を取り外してよい。**

(4) 型枠及び支保工を取り外した直後の構造物に載荷する場合は，コンクリートの強度，構造物の種類，［(ホ) 作用］荷重の種類と大きさなどを考慮する。

〈解答欄〉

(イ)	(ロ)	(ハ)	(ニ)	(ホ)
自重	施工期間中	重要度	3.5	作用

⑫問題（選択問題）

コンクリート打込みにおける打継目に関する次の**２項目について，それぞれ１つずつ施工上の留意事項**を解答欄に記述しなさい。

(1)　打継目を設ける位置

(2)　水平打継目の表面処理　〈H30－8〉

⑫解説・解答

(1)　打継目を設ける位置

①　**打継目**は，できるだけせん断力の小さい位置に設け，打継面を部材の圧縮力の作用方向と直角になるように設ける。

②　やむを得ずせん断力の大きい位置に設ける場合，圧縮力の作用方向と直角にならない位置に設ける場合には，打継目にほぞまたは溝を設けるか鉄筋を差し込む。

③　継目の位置は，乾燥収縮や温度応力等による大きなひび割れが発生しないよう適切な間隔で設ける。

④　**海洋および港湾構造物**では，打継目をできるだけ設けない。やむを得ず設けるときは，満潮位から上60 cm，干潮位から下60 cm には打継目を設けない。

(2)　水平打継目の表面処理

①　コンクリートを打ち継ぐ場合には，既に打ち込まれたコンクリートの表面の**レイタンス，品質の悪いコンクリート，緩んだ骨材粒**等を完全に取り除き，コンクリート表面を粗にした後，十分に吸水させる。

②　**硬化前の処理方法**としては，コンクリートの凝結終了後，高圧の空気または水でコンクリート表面の薄層を除去し，粗骨材粒を露出させる方法が用いられる。

③　**硬化後の処理方法**としては，すでに打ち込まれた下層コンクリートがあまり硬くなければ，高圧の空気および水を吹き付けて入念に洗うか，水をかけながら，ワイヤブラシを用いて表面を粗にする必要がある。

〈解答例〉解説の中から，それぞれ１つずつ選んで解答欄に記述する。

打継目を設ける位置	打継目は，できるだけせん断力の小さな位置に設け，打継面を部材の圧縮力の作用方向と直角になるように設ける。
水平打継目の表面処理	硬化前の処理方法としては，コンクリートの凝結終了後，高圧の空気または水でコンクリート表面の薄層を除去し，粗骨材粒を露出させる方法を用いる。

4章 施工計画

4.1 出題項目と出題回数

分野・出題項目	出題内容	主な用語	回数	出題年度
施工計画	・施工計画書の作成 ・施工計画立案の基本と安全施工の計画と環境保全計画の留意事項 ・施工計画の立案	・現場組織表 ・施工方法・施工手順 ・工程管理 ・主要資材 ・工期，経済性，品質 ・現場条件の調査（自然，環境，資機材） ・公衆災害防止 ・騒音・振動 ・主要船舶・機械 ・環境対策 ・安全管理 ・契約書類 ・仮設備	6	R1, 29, 28, 25, R2, R3（必須問題）
管きょの布設	・管きょ布設時の工種名 ・主な作業内容及び品質管理又は出来形管理の確認項目 ・施工上の留意事項	・養生工 ・掘削，埋戻し ・据付け位置 ・管きょの材質，形状寸法 ・コンクリート強度，各種品質，形状・寸法	2	27, R3
プレキャストL型擁壁	・L型擁壁設置時の工種名，建設機械名及び品質管理，出来形管理の確認項目	・L型擁壁 ・丁張り ・基礎砕石工 ・敷きモルタル工 ・埋戻し工 ・路床工	1	26
ボックスカルバート	・プレキャストボックスカルバートを施工する際の施工手順とその工種で使用する機械と作業内容	・丁張り ・型枠工（設置・撤去） ・養生工 ・敷きモルタル ・残土処理	1	30

4.2　出題傾向の分析と学習のポイント

施工計画については，ほぼ毎年１問出題されていたが，令和３年度の試験制度の改正に関する処置と思われるが，施工管理技士の能力として，施工計画立案の能力の重要性が認識されたのか，令和３年度は２問出題され，内１問は必須問題であった。

出題問題の大部分は，施工計画立案に関しての検討項目と検討内容及び留意事項，施工計画書に記載する内容を問う問題であり，その他数年に１度，具体的構造物の施工時の工種名，作業内容，使用機械，管理項目，施工上の留意事項を問う問題が出題されている。

①　平成24年，平成29年に続いて，令和２年，令和３年と連続して，施工計画の立案，作成に関しての検討項目，検討内容及び留意事項が出題された。特に令和３年は，試験制度改正に伴う必須問題として出題された。今後，出題頻度の増加が予想されるので，良く学習しておく必要があります。

②　平成25年，平成28年，令和元年と３年に１度，施工計画書に記載する内容が出題されています。毎回出題されている項目は，現場組織表，施工方法等である。出題方法は，４項目のうち２項目解答する方式なので，この２項目については重点的に取りくんで下さい。その他の出題項目は，主要資材が２回で，工程管理，主要船舶・機械，環境対策，安全管理が各１回である。

③　各種構造物の施工時の工種名，作業内容，使用機械，管理項目，施工上の留意事項を問う問題の構造物は，平成27年，令和３年が管きょの布設，平成26年がプレキャストＬ型擁壁，平成30年がプレキャストBoxカルバートと変化しているが，掘削工，基礎工（破石，コンクリート），構造物の設置，埋戻工と工事の流れは一緒ですので，施工機械及び管理項目を良く覚えて下さい。

4.3 出題問題と解説・解答

1問題（必須問題）

土木工事における，**施工管理の基本となる施工計画の立案に関して，下記の５つの検討項目**における検討内容をそれぞれ解答欄に記述しなさい。

ただし，（例）の検討内容と同一の内容は不可とする。

・契約書類の確認事項
・現場条件の調査（自然条件の調査）
・現場条件の調査（近隣環境の調査）
・現場条件の調査（資機材の調査）
・施工手順

〈R3－3〉

1解説・解答

各検討項目の検討内容は以下のとおり。

1 契約書類の確認事項

項目	検討内容
契約内容	事業損失，不可抗力による損害に対する取扱い方法，工事中止に基づく損害に対する取扱い方法，資材，労務費の変動に基づく変更の取扱い方法，かし担保の範囲等，工事代金の支払条件，数量の増減による変更の取扱い方法，
設計図書	図面と現場との相違点および数量の違算の有無，図面，仕様書，施工管理基準などによる規格値や基準値，現場説明事項の内容

2 現場条件の調査（自然条件の調査）

項目	検討内容
地形	工事用地，高低差，地表勾配，切取高，危険防止箇所，
地質	粒度，締固め特性，自然含水比，硬さ，岩質，亀裂，断層，地層，落石，地すべり，地盤の強さ，支持力，トラフィカビリティ，地下水，伏流水，湧水，柱状図，近接地の例，古老の意見 既存資料
水文・気象	降水量，降雨日数，降雪開始時期，積雪量，融雪期，気温，日照，風向，風力，台風，波浪，潮位 各季節毎（梅雨時，台風期，冬期，融雪期）の低水位と高水位，平水位，洪水（洪水位，流況 洪水量，危険水位，出水時間），ひん度など

3　現場条件の調査（近接環境の調査）

項目	検討内容
交通問題	交通量，定期バス有無と回数，通学路，作業時間に対する制限，祭礼行事障害，観光ルート，回り道
公害問題	騒音・振動などに関する環境基準値，各種指導要綱の内容，煙，ごみほこり，取水排水などが学校，病院，商店，住宅に与える影響
近隣関係	用地買収の進行状況，隣接工事の状況
支援物件	文化財の有無，地下埋設物（通信，電力，ガス，上下水道，排水路，用水路）地上障害物（送電線，通信線，索道，鉄塔，電柱，やぐら）

4　現場条件の調査（資機材の調査）

項目	検討内容
仮設建物施工施設	事務所，宿舎，倉庫，車庫の設置場所，建物機械の設置場所および修理施設，材料貯蔵庫，材料試験場，プラント，給油所，電話，伝統，上水道，下水道，病院・保健所・修理工場などの有無　工事用電力の引込地点，取水場所
材料	砂，砂利，栗石，石材，盛土材料，木材，鋼材，生コンクリート，コンクリート二次製品などについて生産地，生産量，距離，貯蔵量，生産品質，単価，競合となる他工事　の発注量と納期
労力	賃金，地元募集可能人数，他地方移入可能人員，婦人労働力，熟練度，特殊技能者，他工事との関係，地元下請業者，遠距離の場合のマイクロバス輸送

5　施工手順

①　全体工期，全体工費に及ぼす**影響**の大きい工種を優先して考える。

②　工事施工上の制約条件（環境・立地・部分工期）を考慮して機械，資材，労働力，など工事の円滑な回転を図る。（**作業の平準化**）

③　全体のバランスを考え，作業の**過度な集中を避ける**。

④　繰返し作業を増すことにより**習熟を図り**効率を高める。

〈解答例〉解説の中からそれぞれ解答欄に記述する。

検討項目	検討内容
契約書類の確認事項	図面と現場との相違点および数量の違算の有無
現場条件の調査（自然条件の調査）	地形，地質，粒度，締固め特性，自然含水比
現場条件の調査（近隣環境の調査）	交通量，通学路，作業時間に対する制限
現場条件の調査（資機材の調査）	事務所，宿舎，倉庫，車庫等の設置場所
施工手順	全体工期，全体工費に及ぼす影響の大きい工種を優先して考える。

2 問題（選択問題）

下図のような管渠を敷設する場合の施工手順が次の表に示されているが，施工手順①～③のうちから**２つ選び，それぞれの番号，該当する工種名及び施工上の留意事項**（主要機械の操作及び安全管理に関するものは除く）について解答欄に記述しなさい。

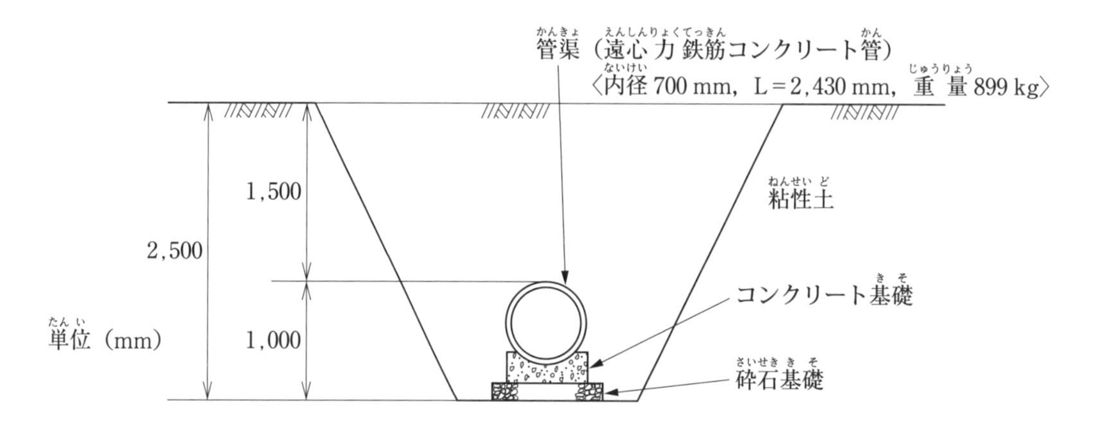

施工手順番号	工種名	施工上の留意事項（主要機械の操作及び安全管理に関するものは除く）
	準備工（丁張り）	・丁張りは，施工図に従って位置・高さを正確に設置する。
	↓	
①	［　　　］（バックホウ）	［　　　］
	↓	
	砕石基礎工	・基礎工は，地下水に留意しドライワークで施工する。
	↓	
②	［　　　］（トラッククレーン）	［　　　］
	↓	
	型枠工（設置）	
	↓	
	コンクリート基礎工	・コンクリートは，管の両側から均等に投入し，管底まで充填するようにバイブレータ等を用いて入念に行う。
	↓	
	養生工	
	↓	
	型枠工（撤去）	
	↓	
③	［　　　］（タンパ）	［　　　］
	↓	
	残土処理	

〈R3－11〉

2解説・解答

一般的な管渠の施工手順は次のとおり。「道路土工ボックスカルバート工指針より」

準備工→床堀工→破石基礎→管布設工→型枠工（設置）→コンクリート基礎工→養生工→型枠工（撤去）→埋戻し工→残土処理

〈解答欄〉

	工種名	施工上の留意事項
①	床堀工	幅，深さ
②	管布設工	中心線，勾配，管底高
③	埋戻し工	締固め管理（一層の仕上がり厚は30 cm 以下，各層の両側の高さは均等になるよう締め固める。）

3問題（選択問題）

土木工事の施工計画作成時に留意すべき事項について，次の文章の［　　］の(イ)～(ホ)に当てはまる**適切な語句**を解答欄に記述しなさい。

(1)　施工計画は，施工条件などを十分に把握したうえで，［(イ)］，資機材，労務などの一般的事項のほか，工事の難易度を評価する項目を考慮し，工事の［(ロ)］施工が確保されるように総合的な視点で作成すること。

(2)　関係機関などとの協議・調整が必要となるような工事では，その協議・調整内容をよく把握し，特に都市内工事にあっては，［(ハ)］災害防止上の［(ロ)］確保に十分留意すること。

(3)　現場における組織編成及び［(ニ)］，指揮命令系統が明確なものであること。

(4)　作業員については，必要人員を確保するとともに，技術・技能のある人員を確保すること。やむを得ず不足が生じる時は，施工計画，［(イ)］，施工体制，施工機械などについて，対応策を検討すること。

(5)　工事による作業場所及びその周辺への振動，騒音，水質汚濁，粉じんなどを考慮した［(ホ)］対策を講じること。〈R2－6〉

3解説・解答

(1)　**施工計画**は，施工条件などを十分把握したうえで，［(イ) 仮設備］，**資機材**，**労務**などの一般的事項のほか，工場の難易度を評価する項目を考慮し，工事の［(ロ) 安全］**施工が確保**されるように総合的な視点で作成すること。

(2) **関係機関などとの協議・調整**が必要となるような工事では，その協議・調整内容をよく把握し，特に都市内工事にあっては，［(ハ) 公衆］**災害防止**上の［(ロ) 安全］確保に十分留意すること。

(3) 現場における組織編成及び［(ニ) 安全管理体制］，指揮命令系統が明確なものであること。

(4) 作業員については，必要人員を確保するとともに，技術・技能のある人員を確保すること。やむを得ず不足が生じる時は，施工計画，［(イ) 仮設備］，施工体制，施工機械などについて，対応策を検討すること。

(5) 工事による作業場所及びその周辺への振動，騒音，水質汚濁，粉じんなどを考慮した［(ホ) 環境］**対策を講じること。**

〈解答欄〉

(イ)	(ロ)	(ハ)	(ニ)	(ホ)
仮設備	安全	公衆	安全管理体制	環境

4問題（選択問題）

公共土木工事の施工計画書を作成するにあたり，下記の４つの項目の中から**２つを選び，施工計画に記載すべき内容**について，解答欄の（例）を参考にして，それぞれの解答欄に記述しなさい。

ただし，解答欄の（例）と同一内容は不可とする。

・現場組織表

・主要資材

・施工方法

・安全管理

〈R1－4〉

4解説・解答

施工計画書に記載すべき内容は，以下のとおりである。

(1) **現場組織表**

現場における組織編成，命令系統，業務分担，責任の範囲を記載する。

(2) **主要資材**

工事に使用する指定材料および主要な資材の品名，規格，数量，材料試験方法および必要に応じて製造または取扱会社名などを記載する。

⑶　施工方法

主要工種ごとの施工順序，施工方法および施工上の留意事項について，使用する機械や設備を含め，図等を活用して明確に記載する。

⑷　安全管理

主要な各工事段階における安全施工計画，工事区域における安全員および標識の配置，夜間工事における照明計画，安全訓練および安全衛生教育について記載する。

〈解答例〉

項目	記載すべき内容
現場組織表	現場の組織編成，命令系統，業務分担，責任の範囲
主要資材	指定材料，主要資材の品名，規格，数量，材料試験方法

5問題（選択問題）

下図のようなプレキャストボックスカルバートを施工する場合の施工手順が次の表に示されているが，施工手順①～③のうちから**２つ選び，それぞれの番号，該当する工種名及び施工上の具体的な留意事項**（主要機械の操作及び安全管理に関するものは除く）を解答欄に記述しなさい。

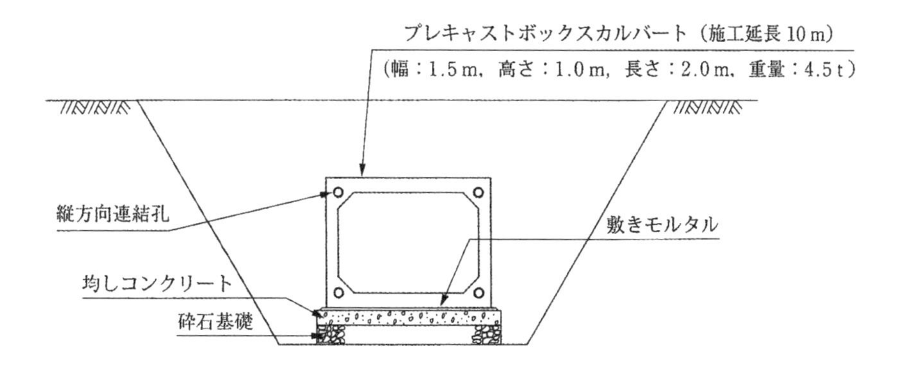

施工手順番号	工種名	施工上の具体的な留意事項 （主要機械の操作及び安全管理に関するものは除く）
	準備工（丁張） ↓	○丁張は，施工図面に従って位置・高さを正確に設置する。
①	［　　　］ （バックホゥ） ↓	［　　　］
	砕石基礎工 ↓	○基礎工は，地下水に留意しドライワークで施工する。
	均しコンクリート工 ↓	○均しコンクリートの施工にあたって沈下，滑動などが生じないようにする。
	敷きモルタル工 ↓	○ボックスカルバートの底面と砕石基礎が確実に面で密着するように，敷きモルタルを施工する。
②	［　　　］ （トラッククレーン） （ジャッキ） ↓	［　　　］
③	［　　　］ （タンパ） ↓	［　　　］
	後片づけ工	

〈H30－11〉

5解説・解答

施工手順番号	工種名	施工上の具体的な留意事項
①	床掘工	地下排水溝等により，排水処理を確実に行うとともに，現地条件を適確に判断し，支持力が確実に得られるよう，良質土で置き換えたり，プレロードを行う。
②	本体工	均しコンクリート面を清掃し，設置面に傾きがあるときは，下方から上方へ設置する。
③	裏込め工・埋戻工	圧縮性の小さい，水通しの良い良質土で裏込めを行う。片圧がかからないよう左右対称に20 cm 程度の薄層で小型の機械を用い，確実に締め固める。

解答は，上記より２つを選び，解答欄に記述する。

5章 品質管理

5.1　出題項目と出題回数

分野	出題項目	出題内容	重要用語	回数	出題年度
土工	盛土の締固め管理方式	・２つの規定方式の規定方式名と締固め管理の方法 ・工法規定方式 ・品質規定方式	・工法規定方式 ・品質規定方式 ・最適含水比 ・飽和度 ・土の強度 ・転圧回数 ・GNSS・トータルステーション ・まき出し厚 ・締固め機械の軌跡	5	R2, R1, H30, H29, H28
	盛土の品質管理	・締固め施工時の留意事項 ・施工前・施工中の試験名又は測定方法 ・締固め曲線図の作成 ・盛土の試験施工 ・試験・測定方法の内容及び結果の利用方法	・締固め曲線 ・最大乾燥密度 ・施工含水比・最適含水比 ・建設機械 ・まき出し厚 ・飽和度 ・砂置換法 ・RI 法 ・現場 CBR 試験 ・ポータブルコーン貫入試験 ・プルーフローリング試験	5	H27, H26, H25, R4（必須問題), R4
コンクリート工	レディーミクストコンクリート	・工場選定・品質管理 ・荷卸し地点での品質条件	・粗骨材の最大寸法 ・呼び強度 ・スランプ，スランプフロー ・空気量 ・単位水量 ・塩化物含有量	2	R3, H25
	コンクリートの施工	・打込み・締固め・養生の品質管理	・許容打重ね時間間隔 ・細骨材 ・沈下 ・棒状バイブレータの差し込み間隔 ・湿潤状態	1	R2
	劣化	・コンクリート構造物の非破壊検査	・反発度法 ・打音法 ・電磁レーダ法 ・赤外線法	1	H28

…工 …立 …手 …加工・組立検査 …接継手の外観検査 …接継手の超音波探	2	H29, H26

5.2 出題傾向の分析と学習のポイント

品質管理・施工管理では，土工およびコンクリートの分野のみが出題されている。内容は，一次検定（学科試験）の範囲と同じなので，一次検定の過去問題を覚えておくことで解答できる。

① 特に平成28年から令和２年度は，土工の出題は，**盛土の締固め管理方式の２つの規定方式名**とそれぞれの**締固め管理方法**について記述する問題である。**工法規定方式と品質規定方式**について徹底的に学習しておく必要がある。

② **盛土の品質管理**は，締固め管理方法，締固めの留意事項，締固め曲線図などを学習しておく。締固め度，最適含水比，最大乾燥密度の関係は，土の締固めのメカニズムを覚えると理解しやすい。

令和４年度に，第二次検定（旧実地試験）では，10年以上出題されたことがなかった土質試験の測定方法を問う問題が出題された。結果の利用方法については，第一次検定で何度も出題されているので解答可能であったと思われるが，今後は，最低でも，出題された５つの土質試験に加え，標準貫入試験について，その測定方法を覚えておくとよい。

③ **コンクリートの品質管理**では，レディーミクストコンクリートの受入れ検査，購入時の指定項目，耐久性照査，劣化機構と対策，非破壊検査などについて学習しておく。スランプ値と許容範囲，空気量の許容範囲などの数値は覚えておく。

④ **鉄筋コンクリート**では，鉄筋検査，コンクリートの検査が出題された。検査項目，判定基準などを覚えておく。

⑤ 土木をはじめ建設工事における品質管理は，ISO 9000をふまえて行われている。品質特性，PDCA サイクルなどについて基本事項を理解しておく必要がある。

5.3　出題問題と解説・解答

1問題（必須問題）

盛土の品質管理における，**下記の試験・測定方法名①～⑤から２つ選び，その番号，試験・測定方法の内容及び結果の利用方法をそれぞれ**解答欄へ記述しなさい。

ただし，解答欄の（例）と同一内容は不可とする。

①　砂置換法

②　RI 法

③　現場 CBR 試験

④　ポータブルコーン貫入試験

⑤　プルーフローリング試験

〈R4-3〉

1解答・解説

①　**砂置換法**　測定する地盤の土を掘り起こしてその質量 m〔g〕をはかり，その掘り出した試験孔に，密度が既知の他の材料（豊浦標準砂など）を充てんし，投入量から試験孔の容積 V〔cm³〕を求め，単位体積重量を算定し，盛土の締固め管理に利用する。

②　**RI 法**　γ 線を物質中に透過させると，その透過率を計測して物質の密度を知ることができる原理を応用した，RI 計器水分密度測定器を用い（ラジオアイソトープ法），現場密度と含水量を測定し，盛土の締固め管理に利用する。

③　**現場 CBR 試験**　静的に直径５cm の貫入棒を油圧ジャッキで地盤中に貫入させ，貫入抵抗を求め，砕石への貫入抵抗を１としたときの比を求める。数値は，路盤の支持力の評価に利用する。

④　**ポータブルコーン貫入試験**　ポータブルコーンを人力により地盤中に10 cm 貫入させ，このときの抵抗力を求めコーン指数 q_c（kN/m²）とし，トラフィカビリティの判定に利用する。

⑤　**プルーフローリング試験**　完成した路盤や道路にダンプトラック，タイヤローラ等を時速２km 程度で走らせ，表面沈下などの変形が大きな箇所に目視でチェックする。不良箇所は，良質土で置き換えたりの処置をする。

〈解答例〉解説の中から２つを選んで解答欄に記述する。

番号	試験名	測定方法の内容及び結果の利用方法
③	現場CBR試験	静的に直径5cmの貫入棒を油圧ジャッキで地盤中に貫入させ，貫入抵抗を求め，砕石への貫入抵抗を１としたときの比を求める。数値は，路盤の支持力の評価に利用する。
④	ポータブルコーン貫入試験	ポータブルコーンを人力により地盤中に10cm貫入させ，このときの抵抗力を求めコーン指数 q_c〔kN/m²〕とし，トラフィカビリティの判定に利用する。

2 問題（選択問題）

土の締固めにおける試験及び品質管理に関する次の文章の［　　］の(イ)～(ホ)に当てはまる**適切な語句**を解答欄に記述しなさい。

(1) 土の締固めで最も重要な特性として，下図に示す締固めの含水比と密度の関係が挙げられ，これは締固め曲線と呼ばれ，ある一定のエネルギーにおいて最も効率よく土を密にすることができる含水比を［(イ)］といい，その時の乾燥密度を最大乾燥密度という。

(2) 締固め曲線は土質によって異なり，一般に礫や［(ロ)］では，最大乾燥密度が高く曲線が鋭くなり，シルトや［(ハ)］では最大乾燥密度は低く曲線は平坦になる。

(3) 締固め品質の規定は，締め固めた土の性質の恒久性を確保するとともに，盛土に要求する［(ニ)］を確保できるように，設計で設定した盛土の所要力学特性を確保するためのものであり，［(ホ)］や施工部位によって最も合理的な品質管理方法を用いる必要がある。

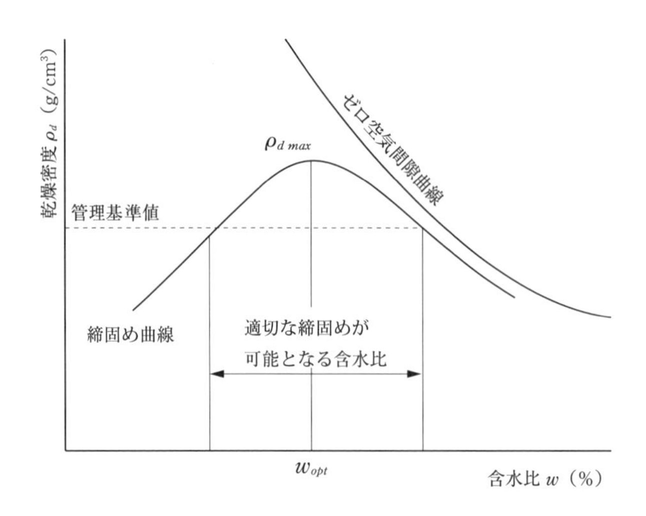

〈R4－5〉

2解説・解答

(1)　土の締固めで最も重要な特性として，図に示す締固めの含水比と密度の関係が挙げられ，これは締固め曲線と呼ばれ，ある一定のエネルギーにおいて最も効率よく土を密にすることができる含水比を［(イ) **最適含水比**］といい，そのときの乾燥密度を最大乾燥密度という。

(2)　締固め曲線は土質によって異なり，一般に礫や［(ロ) **砂**］では，最大乾燥密度が鋭くなり，シルトや［(ハ) **粘性土**］では最大乾燥密度は低く曲線は平坦になる。

(3)　締固め品質の規定は，締め固めた土の性質の恒久性を確保するとともに，盛土に要求する［(ニ) **性能**］を確保できるように，設計で設定した盛土の所要力学特性を確保するためのものであり，［(ホ) **材料**］や施工部位によって最も合理的な品質管理方法を用いる必要がある。

〈解答欄〉

(イ)	(ロ)	(ハ)	(ニ)	(ホ)
最適含水比	砂	粘性土	性能	材料

3問題（選択問題）

レディーミクストコンクリート（JIS A 5308）の工場選定，品質の指定，品質管理項目に関する次の文章の［　　］の(イ)～(ホ)に当てはまる**適切な語句**を解答欄に記述しなさい。

(1)　レディーミクストコンクリート工場の選定にあたっては，定める時間の限度内にコンクリートの［(イ)］及び荷卸し，打込みが可能な工場を選定しなければならない。

(2)　レディーミクストコンクリートの種類を選定するにあたっては，［(ロ)］の最大寸法，［(ハ)］強度，荷卸し時の目標スランプ又は目標スランプフロー及びセメントの種類をもとに選定しなければならない。

(3)　［(ニ)］の変動はコンクリートの強度や耐凍害性に大きな影響を及ぼすので，受入れ時に試験によって許容範囲内にあることを確認する必要がある。

(4)　フレッシュコンクリート中の［(ホ)］の試験方法としては，加熱乾燥法，エアメータ法，静電容量法等などがある。　〈R3-5〉

3解説・解答

(1)　**レディーミクストコンクリート**工場の選定にあたっては，**定める時間の限度内**にコンクリートの［(イ) **運搬**］及び**荷卸し**，**打込み**が可能な工場を選定する。

(2) レディーミクストコンクリートは，(ロ) 粗骨材 **の最大寸法**，(ハ) 呼び **強度**，荷卸し時の**目標スランプ**又は目標スランプフロー及びセメントの種類をもとに選定しなければならない。

(3) (ニ) 空気量 の変動はコンクリートの強度や耐凍害性に大きな影響を及ぼすので，受入れ時に試験によって許容範囲内にあることを確認する。

(4) フレッシュコンクリート中の (ホ) 単位水量 の試験の方法としては，加熱乾燥法，エアメータ法，静電容量法等がある。

〈解答欄〉

(イ)	(ロ)	(ハ)	(ニ)	(ホ)
運搬	粗骨材	呼び	空気量	単位水量

4問題（選択問題）

コンクリートの打込み，締固め，養生における品質管理に関する次の文章の［　　］の(イ)～(ホ)に当てはまる**適切な語句又は数値**を解答欄に記述しなさい。

(1) コンクリートを2層以上に分けて打ち込む場合，上層と下層が一体となるように施工しなければならない。また，許容打重ね時間間隔は，外気温25℃以下では［(イ)］時間以内を標準とする。

(2) ［(ロ)］が多いコンクリートでは，型枠を取り外した後，コンクリート表面に砂すじを生じることがあるため，［(ロ)］の少ないコンクリートとなるように配合を見直す必要がある。

(3) 壁とスラブとが連続しているコンクリート構造物などでは，コンクリートは断面の変わる箇所でいったん打ち止め，そのコンクリートの［(ハ)］が落ち着いてから上層コンクリートを打ち込む。

(4) コンクリートの締固めにおいて，棒状バイブレータは，なるべく鉛直に一様な間隔で差し込む。その間隔は，一般に［(ニ)］cm以下にするとよい。

(5) コンクリートの養生の目的は，［(ホ)］状態に保つこと，温度を制御すること，及び有害な作用に対して保護することである。 〈R2-4〉

4解説・解答

(1) コンクリートを2層以上に分けて打ち込む場合，上層と下層が一体となるように施工しなければならない。また，**許容打重ね時間間隔**は，外気温25℃以下では (イ) 2.5 時間以内を標準とする。

⑵　［(ロ) ブリーディング］が多いコンクリートでは，型枠を取り外した後，コンクリート表面に砂すじを生じることがあるため，［(ロ) ブリーディング］の少ないコンクリートとなるように配合を見直す必要がある。

⑶　**壁とスラブとが連続しているコンクリート構造物**などでは，コンクリートは断面の変る箇所でいったん打ち止め，そのコンクリートの［(ハ) 沈下］**が落ち着いてから**上層コンクリートを打ち込む。

⑷　コンクリートの締固めにおいて，**棒状バイブレータ**は，なるべく**鉛直に一様な間隔**で差し込む。その間隔は，一般に［(ニ) 50］**cm 以下**にするとよい。

⑸　コンクリートの養生の目的は，［(ホ) 湿潤］**状態に保つ**，温度を制御すること，及び有害な作用に対して保護することである。

〈解答欄〉

(イ)	(ロ)	(ハ)	(ニ)	(ホ)
2.5	ブリーディング	沈下	50	湿潤

学科記述

5問題（選択問題）

盛土の締固め管理方式における２つの規定方式に関して，**それぞれの規定方式名と締固め管理の方法**について解答欄に記述しなさい。

〈R2－9，H30－9〉

5解説・解答

盛土施工における締固め施工管理方式としては，**工法規定方式**と**品質規定方式**がある。

⑴　**工法規定方式**

土の含有比に影響されない岩塊，玉石などの盛土材料の締固めに適用され，敷均し厚さ，ローラ重量，走行回数などを発注者が仕様書に定めて提示する。実際の施工管理にはTSやGNSSにより自動追跡するローラの軌跡管理などを用いて締固めの管理を行う。

⑵　**品質規定方式**：盛土に必要な品質（強度，変形量，乾燥密度など）基準を仕様書で定める方式である。施工方法は請負者が決定する。

施工管理は，以下の規定による方法で行う。

①　**強度規定**：岩塊，玉石，礫，砂質土など，含水比による強度の変化がない盛土地盤に用いる。締固め後，コーン指数 q_c，地盤反力係数K，CBR値などを測定し，締固め具合を管理する。

② **変形量規定**：締固めた盛土上に，あらかじめ定められたタイヤローラを走行させ（プルーフローリング試験），変形量を測定し，変形量が規定以下であることを確認する。

③ **乾燥密度規定**：一般的な盛土材料を用いる場合，突固めによる土の締固め試験を行って，最大乾燥密度 ρ_{dmax} と最適含水比 w_{opt} を求め，施工含水比の範囲で盛土を施工する。施工後，現場の単位体積質量 ρ_d を単位体積質量試験またはRI法によって求めて，締固め度（$\rho_d / \rho_{dmax} \times 100$ %）を計算し，規定値以上であることを確認する。

④ **飽和度規定（空気間隙率規定）**：乾燥密度による基準で定めにくい高含水比の粘性土に用いられ，土粒子の密度試験を行い，飽和度Srまたは空気間隙率Vaを求める。この規定は，湿潤側から乾燥させて求めた最大乾燥密度と乾燥側から湿潤させて求めた最大乾燥密度が同じ値とならない高含水比の粘性土の場合に適用する。

〈解答例〉

解説から，工法規定方式と品質規定方式について１つずつ選んで記述する。

工法規定方式	締固め機械の種類と走行回数などの締固め工法を仕様書に規定する方式。
品質規定方式	盛土に必要な強度，変形量，乾燥密度などの品質を定め，その基準を満たしていることを確認する方式。

6問題（選択問題）

盛土の品質規定方式及び工法規定方式による締固め管理に関する次の文章の［　　］の(イ)～(ホ)に当てはまる**適切な語句**を解答欄に記述しなさい。

(1) 品質規定方式においては，以下の３つの方法がある。

①基準試験の最大乾燥密度，［(イ)］を利用する方法

②空気間げき率又は［(ロ)］を規定する方法

③締め固めた土の［(ハ)］，変形特性を規定する方法

(2) 工法規定方式においては，タスクメータなどにより締固め機械の稼働時間で管理する方法が従来より行われてきたが，測距・測角が同時に行える［(ニ)］やGNSS（衛星測位システム）で締固め機械の走行位置をリアルタイムに計測することにより，盛土の［(ホ)］を管理する方法も普及してきている。〈R1－4〉

6解説・解答

(1) **品質規定方式**においては，以下の3つの方法がある。

①基準試験の**最大乾燥密度**，**(イ) 最適含水比** を利用する方法

②**空気間げき率**又は **(ロ) 飽和度** を規定する方法

③締め固めた土の **(ハ) 強度**，**変形特性**を規定する方法

(2) **工法規定方式**においては，タスクメータなどにより締固め機械の稼働時間で管理する方法が従来より行われてきたが，測距・測角が同時に行える **(ニ) トータルステーション** や **GNSS（衛星測位システム）**で締固め機械の走行位置をリアルタイムに計測することにより，盛土の **(ホ) 転圧回転** を管理する方法も普及してきている。

〈解答欄〉

(イ)	(ロ)	(ハ)	(ニ)	(ホ)
最適含水比	飽和度	強度	トータルステーション	転圧回数

6章 安全管理

6.1 出題項目と出題回数

分野	出題項目	出題内容	重要用語	回数	出題年度
足場高所作業	足場の構造・組立規定	・足場等の点検時期・点検事項・安全基準 ・鋼管足場の作業床，手すり高，積載荷重	・強風・大雨・大雪・中震 ・鋼管足場の材料，損傷・変形 ・作業床の幅 ・手すり高 ・建地間の積載荷重 ・水平つなぎ材の配置	2	R2, H27
	高所作業の墜落等の危険防止	・高所作業の墜落や飛来防止 ・事業者が実施すべき安全対策	・作業床 ・防網 ・墜落制止用器具 ・手すり，桟	3	R4, H30, H29
移動式クレーン	作業時の安全対策	・ボックスカルバートの設置作業 ・土止め支保工に用いるH形鋼の現場搬入作業 ・仮設材の撤去作業	・労働安全衛生規則 ・クレーン等安全規則	3	R3，R1, H28
建設機械	車両系建設機械による危険・災害防止	・車両系建設機械による労働者の災害防止	・労働安全衛生規則 ・ヘッドガード ・転倒時保護構造 ・最大使用荷重 ・接触防止 ・不同沈下 ・運行経路 ・地形・地質の調査 ・転倒・転落 ・誘導員	4	R3, R1, H29, H26
掘削・土止め支保工	掘削・積込作業の安全対策	・機械掘削及び積込作業中の事故防止対策 ・油圧ショベルでの地山掘削時の予想される労働災害と防止対策	・労働安全衛生規則 ・事業者が実施すべき事項 ・予想される労働災害と防止対策	2	R2, H27
	事業者の措置	・明り掘削作業 ・土止め支保工の安全管理	・圧縮材の突合せ継手 ・切ばりの緊結 ・組立図	2	H30, H28
型枠支保工	構造規定，設置および届出	・型枠支保工の組立又は解体作業 ・設計荷重，鋼管支柱材料	・150 kg/m^{2}の荷重追加設計 ・2 mごとの水平つなぎ ・型枠・支保工の取り外し	2	H30, H27

分野	出題項目	出題内容	重要用語	回数	出題年度
現場の安全管理全般	**労働災害防止の安全管理**	・各種作業の安全管理に関する用語・数値 ・地下埋設物近接工事 ・架空線近接工事	・統括安全衛生責任者 ・投下設備 ・構造物の解体 ・土石流 ・ずい道工事 ・支柱の高さが3.5 m以上の型枠支保工 ・足場の点検 ・鋼矢板の根入れ長 ・空気呼吸器 ・掘削面の高さ ・高所作業車 ・コンクリート造の解体 ・土止めの支保工	5	R4(必須問題), R4, H26, H25（2問)

6.2　出題傾向の分析と学習のポイント

① 問題はほとんど，労働安全衛生法，労働安全衛生法施行令，労働安全衛生規則，クレーン等安全規則およびこれらの法律を現場で利用しやすいように編集した土木工事安全施工技術指針の中から出題されている。

② 出題内容は，建設機械に対する災害防止について，機械の対象を，**車両系建設機械掘削・積込機械**，**移動式クレーン**と変化させているが，ほぼ毎年出題されている。

③ 次いで，**足場**，**高所作業**，**掘削**，**土止め支保工**，**型枠支保工**の問題が多く出題され，これらの問題もほぼ毎年出題されている。

④ **現場の安全管理全般**については，過去の出題はH26年，H25年（2問）のみであったが，令和4年度に，必須問題として地下埋設物・架空線近接工事が，選択問題として建設工事現場で事業者が行うべき安全管理について，高所作業車，コンクリート工作物の解体，土石流危険河川，型枠支保工，酸素欠乏危険作業，土止め支保工と幅広い分野の内容が2問出題された。

今後，1問で幅広い分野の安全管理の内容を問う出題形式が増加すると思われる。これらの問題は，対象の幅が広範囲のため，日ごろから現場の事故防止と安全対策について，対象の「法令」に目を通し，確認しておくことが習得の近道である。

⑤ **土石流**については，H24年とH25年にほんの一部に出題されたのみであるがここ数年，全国で土石流の災害が頻発しているので，今後，出題が増加するのではと想定されます。学習を怠らないようにして下さい。

6.3　出題問題と解説・解答

1問題（必須問題）

地下埋設物・架空線等に近接した作業に当たって，施工段階で実施する具体的な対策について，次の文章の[　　]の(イ)～(ホ)に当てはまる**適切な語句**を解答欄に記述しなさい。

(1)　掘削影響範囲に埋設物があることが分かった場合，その[(イ)]及び関係機関と協議し，関係法令等に従い，防護方法，立会の必要性及び保安上の必要な措置等を決定すること。

(2)　掘削断面内に移設できない地下埋設物がある場合は，[(ロ)]段階から本体工事の埋戻し，復旧の段階までの間，適切に埋設物を防護し，維持管理すること。

(3)　工事現場における架空線等上空施設について，建設機械等のブーム，ダンプトラックのダンプアップ等により，接触や切断の可能性があると考えられる場合は次の保安措置を行うこと。

①　架空線等上空施設への防護カバーの設置

②　工事現場の出入り口等における[(ハ)]装置の設置

③　架空線等上空施設の位置を明示する看板等の設置

④　建設機械のブーム等の旋回・[(ニ)]区域等の設定

(4)　架空線等上空施設に近接した工事の施工に当たっては，架空線等と機械，工具，材料等について安全な[(ホ)]を確保すること。

〈R4-2〉

1解説・解答

(1)　掘削影響範囲に埋設物があることが分かった場合，その[(イ) **埋設物管理者**]及び関係機関と協議し，関係法令等に従い，防護方法，立会の必要性及び保安上の必要な措置等を決定すること。

(2)　掘削断面内に移設できない地下埋設物がある場合は，[(ロ) **試掘**]段階から本体工事の埋戻し，復旧の段階までの間，適切に埋設物を保護し，維持管理すること。

(3)　工事現場における架空線等上空施設について，建設機械等のブーム，ダンプトラックのダンプアップ等により，接触や切断の可能性があると考えられる場合は次の保安措置を行うこと。

①　架空線等上空施設への防護カバーの設置

②　工事現場の出入り口における[(ハ) **高さ制限**]装置の設置

③　架空線等上空施設の位置を明示する看板等の設置

④ 建設機械のブーム等の旋回・ (ニ) 立入り禁止 区域等の設定

(4) 架空線等上空施設に近接した工事の施工に当たっては，架空線と機械，工具，材料等について安全な (ホ) 離隔 を確保すること。

〈解答欄〉

(イ)	(ロ)	(ハ)	(ニ)	(ホ)
埋設物管理者	試掘	高さ制限	立入り禁止	離隔

2 問題（選択問題）

建設工事の現場における墜落等による危険の防止に関する労働安全衛生法令上の定めについて，次の文章の ＿＿＿ の(イ)～(ホ)に当てはまる**適切な語句又は数値**を解答欄に記述しなさい。

(1) 事業者は，高さが2m以上の (イ) の端や開口部等で，墜落により労働者に危険を及ぼすおそれのある箇所には，囲い，手すり，覆い等を設けなければならない。

(2) 墜落制止用器具は (ロ) 型を原則とするが，墜落時に (ロ) 型の墜落制止用器具を着用する者が地面に到達するおそれのある場合（高さが6.75m以下）は胴ベルト型の使用が認められる。

(3) 事業者は，高さ又は深さが (ハ) mをこえる箇所で作業を行なうときは，当該作業に従事する労働者が安全に昇降するための設備等を設けなければならない。

(4) 事業者は，作業のため物体が落下することにより労働者に危険を及ぼすおそれのあるときは， (ニ) の設備を設け，立入区域を設定する等当該危険を防止するための措置を講じなければならない。

(5) 事業者は，架設通路で墜落の危険のある箇所には，高さ (ホ) cm以上の手すり等と，高さが35cm以上50cm以下の桟等の設備を設けなければならない。

〈R4－6〉

2 解説・解答

(1) 事業者は，高さが2m以上の (イ) 作業床 の端や開口部等で，墜落により労働者に危険を及ぼすおそれのある箇所には，囲い，手すり，覆い等を設けなければならない。

(2) 墜落制止用器具は (ロ) フルハーネス 型を原則とするが，墜落時に (ロ) フルハーネス 型の墜落制止用器具を着用する者が地面に到達するおそれのある場合（高さが6.75m以下）は胴ベルト型の使用が認められる。

(3) 事業者は，高さ又は深さが (ハ) 1.5 mをこえる箇所で作業を行なうときは，当該作業に従事する労働者が安全に昇降するための設備等を設けなければならない。

(4)　事業者は，作業のため物体が落下することにより労働者に危険を及ぼすおそれのあるときは，［(ニ) 防網］の設備を設け，立入区域を設定する等当該危険を防止するための措置を講じなければならない。

(5)　事業者は，架設通路で墜落の危険のある箇所には，高さ［(ホ) 85］cm以上の手すり等と，高さ35 cm以上，50 cm以下の桟等の設備を設けなければならない。

〈解答欄〉

(イ)	(ロ)	(ハ)	(ニ)	(ホ)
作業床	フルハーネス	1.5	防網	85

3問題（選択問題）

建設工事現場で事業者が行なうべき労働災害防止の安全管理に関する次の文章の①～⑥のすべてについて，労働安全衛生法令等で定められている語句又は数値の誤りが文中に含まれている。①～⑥**から５つ選び，その番号，「誤っている語句又は数値」及び「正しい語句又は数値」**を解答欄に記述しなさい。

①　高所作業車を用いて作業を行うときは，あらかじめ当該高所作業車による作業方法を示した作業計画を定め，関係労働者に周知させ，当該作業の指揮者を届け出て，その者に作業の指揮をさせなければならない。

②　高さが３m以上のコンクリート造の工作物の解体等の作業を行うときは，工作物の倒壊，物体の飛来又は落下等による労働者の危険を防止するため，あらかじめ当該工作物の形状，き裂の有無，周囲の状況等を調査し作業計画を定め，作業を行わなければならない。

③　土石流危険河川において建設工事の作業を行うときは，作業開始時にあっては当該作業開始前48時間における降雨量を，作業開始後にあっては１時間ごとの降雨量を，それぞれ雨量計等により測定し，記録しておかなければならない。

④　支柱の高さが3.5 m以上の型枠支保工を設置するときは，打設しようとするコンクリート構造物の概要，構造や材質及び主要寸法を記載した書面及び図面等を添付して，組立開始14日前までに所轄の労働基準監督署長に提出しなければならない。

⑤　下水道管渠等で酸素欠乏危険作業に労働者を従事させる場合は，当該作業を行う場所の空気中の酸素濃度を18％以上に保つよう換気しなければならない。しかし爆発等防止のため換気することができない場合等は，労働者に防毒マスクを使用させなければならない。

⑥ 土止め支保工の切りばり及び腹おこしの取付けは，脱落を防止するため，矢板，くい等に確実に取り付けるとともに，火打ちを除く圧縮材の継手は重ね継手としなければならない。

〈R4－10〉

3 解説・解答

① 指揮者を届け出て──→指揮者を**定めて**

② 高さが3m──→高さが**5 m**

③ 開始前48時間──→開始前**24時間**

④ 組立開始14日前──→組立開始**30日前**

⑤ 防毒マスク──→**空気呼吸器**

⑥ 重ね継手──→**突合せ継手**

〈解答例〉解説の中から5つを選び解答欄に記述する。

番号	誤っている語句又は数値	正しい語句又は数値
①	指揮者を届け出て	指揮者を定めて
②	高さが3m以上	高さが5m以上
③	開始前48時間前までに	開始前24時間前までに
⑤	防毒マスク	空気呼吸器等（空気呼吸器，酸素吸入器又は送気マスク）
⑥	重ね継手	突合せ継手

4 問題（選択問題）

車両系建設機械による労働災害防止のため，労働安全衛生規則の定めにより事業者が実施すべき安全対策に関する次の文章の［　　］の(イ)～(ホ)に当てはまる適切な語句を解答欄に記述しなさい。

(1) 岩石の落下等により労働者に危険が生ずるおそれのある場所で，ブルドーザ，トラクターショベル，パワーショベル等を使用するときは，当該車両系建設機械に堅固な［ (イ) ］を備えなければならない。

(2) 車両系建設機械の転落，地山の崩壊等による労働者の危険を防止するため，あらかじめ，当該作業に係る場所について地形，地質の状態等を調査し，その結果を［ (ロ) ］しておかなければならない。

(3) 路肩，傾斜地等であって，車両系建設機械の転倒又は転落により運転者に危険が生ずるおそれのある場所においては，転倒時 (ハ) を有し，かつ， (ニ) を備えたもの以外の車両系建設機械を使用しないように努めるとともに，運転者に (ニ) を使用させるように努めなければならない。

(4) 車両系建設機械の転倒やブーム又はアーム等とうの破壊による労働者の危険を防止するため，その構造上定められた安定度， (ホ) 荷重等を守らなければならない。

〈R3-6〉

4解説・解答

(1) 岩石の落下等により労働者に危険が生ずるおそれのある場所で，ブルドーザー，トラクターショベル，パワーショベル等を使用するときは，当該**車両系建設機械**に堅固な (イ) ヘッドガード を備えなければならない。

(2) 車両系建設機械の転落，地山の崩壊等による労働者の危険を防止するため，あらかじめ，当該作業に係る場所について地形，地質の状態等を調査し，その結果を (ロ) 記録 しておかなければならない。

(3) 路肩，傾斜地等であって，車両系建設機械の転倒又は転落により運転者に危険が生ずるおそれのある場所においては，**転倒時** (ハ) 保護構造 を有し，かつ， (ニ) シートベルト を備えたもの以外の車両系建設機械を使用しなように努めるとともに，運転者に (ニ) シートベルト を使用させるように努めなければならない。

(4) 車両系建設機械の転倒やブーム又はアーム等の破壊による労働者の危険を防止するため，その構造上定められた安定度， (ホ) 最大使用 **荷重**等を守らなければならない。

〈解答欄〉

(イ)	(ロ)	(ハ)	(ニ)	(ホ)
ヘッドガード	記録	保護構造	シートベルト	最大使用

5問題（選択問題）

下図は移動式クレーンでボックスカルバートの設置作業を行っている現場状況である。

この現場において**安全管理上必要な労働災害防止対策に関して「労働安全衛生規則」又は「クレーン等安全規則」に定められている措置の内容について，５つ**解答欄に記述しなさい。

学科記述

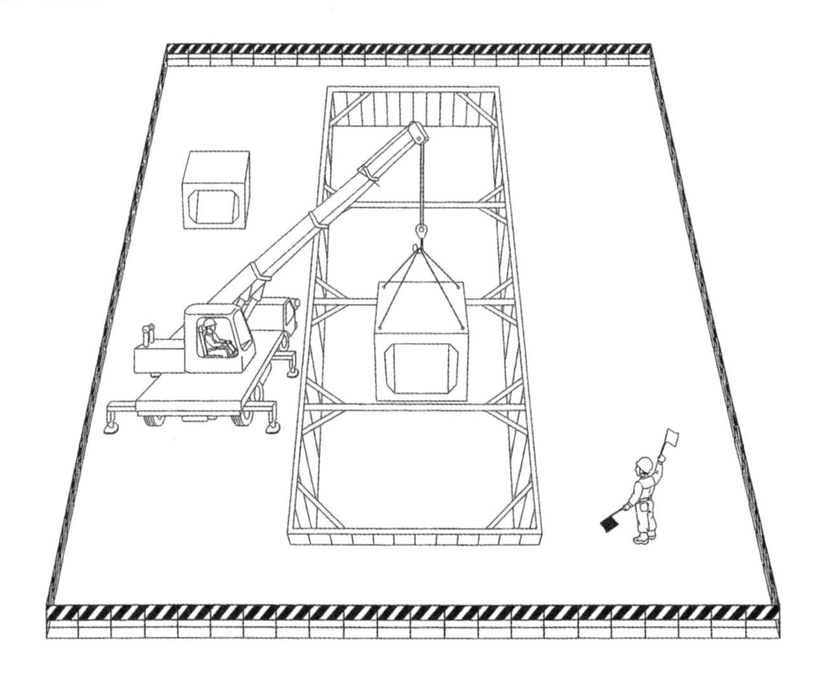

〈R3－9〉

5解説・解答

1. 労働安全衛生規則

⑴ 吊り上げ荷重が1t以上5t未満の移動式クレーンは小型移動式クレーン運転技能講習の修了者または移動式クレーン運転士免許取得者，吊り上げ荷重が5t以上の移動式クレーンは移動式クレーン運転士免許取得者が運転する。

⑵ 吊り上げ荷重が1t以上の移動式クレーンの玉掛け作業には，玉掛け技能講習を修了した者が就くこと。

⑶ 玉掛け用ワイヤロープは，下記のすべてに該当するものであること。

① 安全係数の値が6以上のものであること。

② ワイヤロープ1よりの間において，素線の数の10％未満の切断のものであること。

③ 直径の減少が公称径の7％以下のものであること。

④ キンクしていないものであること。

⑤ 著しい形くずれおよび腐食がないものであること。

2. クレーン等安全規則

⑴ アウトリガーを最大限張り出すこと。

⑵ 運転について一定の合図を定め，合図を行う者を指定して，合図を行わせること。

⑶ クレーンの運転者および玉掛けをする者がクレーンの定格荷重を常時知ることができるよう，表示その他の措置を講ずること。

(4) 強風のため危険が予想されるときは，作業を中止すること。

(5) 移動式クレーンにその定格荷重を超える荷重をかけて使用しないこと。

(6) 移動式クレーンの上部旋回体と接触するおそれのある箇所に，作業員を立ち入らせないこと。

〈解答例〉

	解答
1	運転について一定の合図を定め，合図を行う者を指名して，合図を行わせること。
2	クレーンには，運転者および玉掛けをする者が定格荷重を常時知ることができるよう表示すること。
3	強風のため危険が予想されるときは，作業を中止すること。
4	クレーンにその定格荷重を超える荷重をかけて使用しないこと。
5	クレーンの上部旋回体と接触するおそれのある箇所に，作業員を立ち入らせないこと。

6問題（選択問題）

労働安全衛生規則に定められている，事業者の行う足場等の点検時期，点検事項及び安全基準に関する次の文章の［　　］の(イ)～(ホ)に当てはまる**適切な語句又は数値**を解答欄に記述しなさい。

(1) 足場における作業を行うときは，その日の作業を開始する前に，足場用墜落防止設備の取り外し及び［ (イ) ］の有無について点検し，異常を認めたときは，直ちに補修しなければならない。

(2) 強風，大雨，大雪等の悪天候若しくは［ (ロ) ］以上の地震等の後において，足場における作業を行うときは，作業を開始する前に点検し，異常を認めたときは，直ちに補修しなければならない。

(3) 鋼製の足場の材料は，著しい損傷，［ (ハ) ］又は腐食のあるものを使用してはならない。

(4) 架設通路で，墜落の危険のある箇所には，高さ85 cm 以上の［ (ニ) ］又はこれと同等以上の機能を有する設備を設ける。

(5) 足場における高さ２m 以上の作業場所で足場板を使用する場合，作業床の幅は［ (ホ) ］cm 以上で，床材間の隙間は，３cm 以下とする。

〈R2－5〉

学科記述

6解説・解答

(1) 足場における作業を行うときは，その日の作業を開始する前に，**足場用墜落防止設備**の取り外し及び (イ) 損傷 の有無について点検し，異常を認めたときは，直ちに補修しなければならない。

(2) **強風**，**大雨**，**大雪**等の悪天候若しくは (ロ) 中震 以上の地震等の後において，足場における作業を行うときは，作業を開始する前に点検し，異常を認めたときは，直ちに補修しなければならない。

(3) 鋼製足場の材料は，著しい損傷， (ハ) 変形 又は腐食のあるものを使用してはならない。

(4) 架設通路で，墜落の危険のある箇所には，高さ85 cm 以上の (ニ) 手すり 又はこれと同等以上の機能を有する設備を設ける。

(5) 足場における高さ２m 以上の作業場所で足場板を使用する場合，作業床の幅は (ホ) 40 cm **以上**で，**床材間の隙間**は，3 cm 以下とする。

〈解答欄〉

(イ)	(ロ)	(ハ)	(ニ)	(ホ)
損傷	中震	変形	手すり	40

7問題（選択問題）

建設工事現場における機械掘削及び積込み作業中の事故防止対策として，労働安全衛生規則の定めにより，**事業者が実施すべき事項を５つ**解答欄に記述しなさい。

ただし，解答欄の（例）と同一内容は不可とする。

〈R2－10〉

7解説・解答

機械掘削作業中の事故防止対策

① 掘削作業を行う場合は，掘削箇所並びにその周囲の状況を考慮し，掘削の深さ，土質，地下水位，作用する土圧等を十分に検討したうえで，必要に応じて土圧計等の計器の設置を含め土止め支保工の安全管理計画をたて，これを実施すること。

② 掘削する深さが1.5 m を越える場合には，原則として**土留工**を施すこと。

③ 掘削の作業を行うときは，あらかじめ，運搬機械，掘削機械および積込み機械の**運行の経路**ならびにこれらの機械の土石の積卸し場所への出入の方法を定めて，これを関係作業員に周知すること。

④　運搬機械等が，労働者の作業箇所に後進して接近するとき，または転落するおそれのあるときは，誘導者を配置し，その者にこれらの機械を誘導させなければならない。

⑤　運搬機械等の運転者は，誘導者が行う誘導に従わなければならない。

⑥　掘削作業を行うときは，物体の飛来または落下による危険を防止するため，作業員に保護帽を着用させること。

⑦　掘削作業を行う場所は，必要な照度を保持すること。（安衛 則367条）

⑧　掘り出した土砂等を掘削部の上部，もしくは，法肩付近にやむを得ず仮置きする場合には，掘削面の崩落や土砂等の落下が生じないよう留意すること。

⑨　道路上での作業をする場合は，「道路工事保安施設設置基準」に基づいて各種標識，バリケード，夜間照明等を設置すること。

⑩　地山の崩壊，土石の落下による危険のおそれがあるときは，下記に措置を講ずること。

㋐　地山を安全なこう配とする。（適正な法こう配を保って掘削する）

㋑　法面が長くなる場合は，数段に区切って掘削すること。

⑪　掘削機械，積込み機械，運搬機械の使用により，ガス導管，地中電話線路，その他地下に存する工作物の損壊による危険のおそれがあるときは，これらの機械を使用しないこと。

⑪　**積込み**は，車両制限令を遵守し，荷崩れ，荷こぼし等をおこさないようにすること。

⑫　積込場，見通しのきかない場所，他の作業箇所に近接する箇所には，安全を確保するための誘導員を配置すること。

〈解答例〉解説の中から，５つ選んで解答欄に記述する。

	解答
①	掘削する深さが1.5 m を越える場合は，原則として土留工を施すこと。
②	運搬機械等が，労働者の作業箇所に後進して接近するとき，又は転落するおそれのあるときは，誘導者を配置し，その者に機械を誘導させる。
③	掘削作業を行うときは，物体の飛来または落下による危険を防止するため作業員に保護帽を着用させること。
④	掘削作業を行う場所は，必要な照度を保持すること。
⑤	建設機械の使用により，ガス導管，地中電話線路，その他地下に存する工作物の損壊による危険のおそれがあるときは，これらの機械を使用しないこと。

8問題（選択問題）

車両系建設機械による労働者の災害防止のため，労働安全衛生規則の定めにより，事業者が実施すべき安全対策に関する次の文章の［　　］の(イ)～(ホ)に当てはまる**適切な語句**を解答欄に記述しなさい。

(1) 車両系建設機械を用いて作業を行なうときは，運転中の車両系建設機械に［(イ)］することにより労働者に危険が生じるおそれのある箇所に，原則として労働者を立ち入らせてはならない。

(2) 車両系建設機械を用いて作業を行なうときは，車両系建設機械の転倒又は転落による労働者の危険を防止するため，当該車両系建設機械の［(ロ)］について路肩の崩壊を防止すること，地盤の［(ハ)］を防止すること，必要な幅員を確保すること等必要な措置を講じなければならない。

(3) 車両系建設機械の運転者が運転位置を離れるときは，バケット，ジッパー等の作業装置を地上に下ろさせるとともに，［(ニ)］を止め，かつ，走行ブレーキをかける等の車両系建設機械の逸走を防止する措置を講じさせなければならない。

(4) 車両系建設機械を，パワー・ショベルによる荷のつり上げ，クラムシェルによる労働者の昇降等当該車両系建設機械の主たる［(ホ)］以外の［(ホ)］に原則として使用してはならない。

〈R1－5〉

8解説・解答

(1) 車両系建設機械を用いて作業を行なうときは，運転中の車両系建設機械に［**(イ) 接触**］することにより労働者に危険が生じるおそれのある箇所に，原則として労働者を立ち入らせてはならない。

(2) 車両系建設機械を用いて作業を行なうときは，車両系建設機械の転倒又は転落による労働者の危険を防止するため，当該車両系建設機械の［**(ロ) 運行経路**］について路肩の崩壊を防止すること，地盤の［**(ハ) 不同沈下**］を防止すること，必要な幅員を確保すること等必要な措置を講じなければならない。

(3) 車両系建設機械の運転者が運転位置を離れるときは，バケット，ジッパー等の作業装置を地上に下ろさせるとともに，［**(ニ) 原動機**］**を止め**，かつ，**走行ブレーキをかける**等の車両系建設機械の逸走を防止する措置を講じさせなければならない。

(4) 車両系建設機械を，パワー・ショベルによる荷のつり上げ，クラムシェルによる労働者の昇降等当該車両系建設機械の主たる［**(ホ) 用途**］**以外**の［**(ホ) 用途**］に原則として**使用してはならない**。

〈解答欄〉

(イ)	(ロ)	(ハ)	(ニ)	(ホ)
接触	運行経路	不同沈下	原動機	用途

9問題（選択問題）

下図は，移動式クレーンで土止め支保工に用いるH型鋼の現場搬入作業を行っている状況である。この現場において**安全管理上必要な労働災害防止対策に関して「クレーン等安全規則」に定められている措置の内容について２つ**解答欄に記述しなさい。

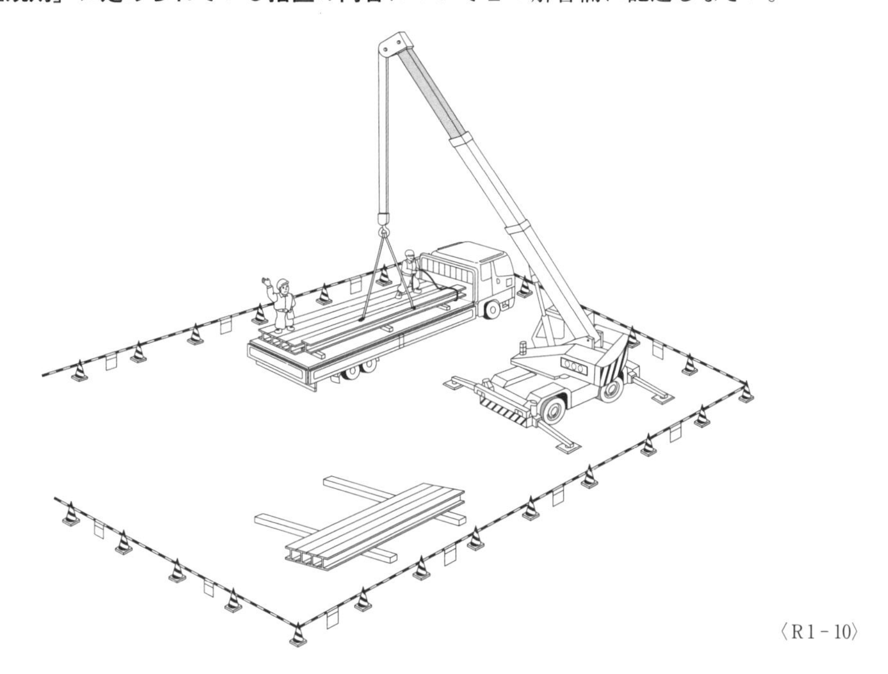

〈R1－10〉

9解説・解答

「クレーン等安全規則」に定められている安全管理上必要な労働災害防止対策の措置は，以下のとおりである。

①　**過負荷の制限**：クレーンにその定格荷重をこえる荷重をかけて使用しない。

②　**傾斜角の制限**：クレーン明細書に記載されているジブの傾斜角の範囲をこえて使用しない。

③　**定格荷重の表示等**：運転者および玉掛けをする者が，クレーンの定格荷重を常時知ることができるよう，表示等の措置を講じる。

④　**アウトリガー等の張り出し**：アウトリガーは，最大限に張り出さなければならない。ただし，アウトリガーまたはクローラを最大限に張り出すことができない場合は，アウトリガーまたはクローラの張出し幅に応じた定格荷重を下回る範囲で使用する。

⑤ **運転の合図**：クレーンの運転について一定の合図を定め，合図を行う者を指名して，その者に合図を行わせる。

⑥ **立入禁止**：クレーンの上部旋回体と接触することにより，労働者に危険が生ずるおそれのある箇所に労働者を立ち入らせない。

⑦ つり上げられている荷の下に労働者を立ち入らせない。

⑧ **強風時の作業中止**：強風のため，移動式クレーンに係る作業の実施について危険が予想されるときは，当該作業を中止する。

⑨ **強風時における転倒の防止**：強風により作業を中止し，クレーンが転倒するおそれのあるときは，当該移動式クレーンのジブの位置を固定させる等によりクレーンの転倒を防止するための措置を講じる。

⑩ **運転位置からの離脱の禁止**：移動式クレーンの運転者は，荷をつったままで運転位置を離れてはならない。

〈解答例〉解説の中から２つを選んで，解答欄に記述する。

	労働災害防止対策の措置
過負荷の制限	クレーンにその定格荷重をこえる荷重をかけて使用しない。
傾斜角の制限	クレーン明細書に記載されているジブの傾斜角の範囲をこえて使用しない。

⑩問題（選択問題）

労働安全衛生規則の定めにより，事業者が行わなければならない「墜落等による危険の防止」に関する次の文章［　　］の(イ)～(ホ)に当てはまる**適切な語句又は数値**を解答欄に記述しなさい。

(1) 事業者は，高さが［(イ)］m 以上の箇所で作業を行なう場合において墜落により労働者に危険を及ぼすおそれのあるときは，足場を組み立てる等の方法により［(ロ)］を設けなければならない。

(2) 事業者は，高さが［(イ)］m 以上の箇所で［(ロ)］を設けることが困難なときは，［(ハ)］を張り，労働者に［(ニ)］を使用させる等墜落による労働者の危険を防止するための措置を講じなければならない。

(3) 事業者は，労働者に［(ニ)］等を使用させるときは，［(ニ)］等及びその取付け設備等の異常の有無について，［(ホ)］しなければならない。

〈H30－5〉

⑩解説・解答

(1) 事業者は，高さが［(イ) 2］**m 以上**の箇所で作業を行なう場合において墜落により労働者に危険を及ぼすおそれのあるときは，足場を組み立てる等の方法により［(ロ) 作業床］を設けなければならない。

(2)　事業者は，高さが［(イ) 2］m以上の箇所で［(ロ) 作業床］を設けることが困難なときは，［(ハ) 防網］を張り，労働者に［(ニ) 墜落制止用器具］を使用させる等墜落による労働者の危険を防止するための措置を講じなければならない。

(3)　事業者は，労働者に［(ニ) 墜落制止用器具］等を使用させるときは，［(ニ) 墜落制止用器具］等及びその取付け設備等の異常の有無について，［(ホ) 随時点検］しなければならない。

〈解答欄〉

(イ)	(ロ)	(ハ)	(ニ)	(ホ)
2	作業床	防網	墜落制止用器具※	随時点検

※ H30年の出題時は「安全帯」でしたが，令和元年の法改訂で「墜落制止用器具」に名称が変わっています。

11問題（選択問題）

建設工事現場における作業のうち，次の(1)**又は**(2)**のいずれか1つの番号を選び，番号欄**に記入した上で，記入した番号の作業に関して労働者の危険を防止するために，労働安全衛生規則の定めにより**事業者が実施すべき安全対策について解答欄に5つ**記述しなさい。

(1)　明り掘削作業（土止め支保工に関するものは除く）

(2)　型わく支保工の組立て又は解体の作業　〈H30－10〉

11解説・解答

(1)　**明り掘削作業**

労働安全衛生規則　第二編第六章　掘削作業等における危険の防止の項に，事業者が実施すべき安全対策に規定されている内容は，以下のとおりである。

①　あらかじめ，作業箇所およびその周辺の地山についてボーリングその他適当な方法で調査し，**掘削の時期および順序を定めて，作業を行なわなければならない。**

②　地山の種類，掘削面の高さに応じ，**定められたこう配以下で掘削しなければならない。**

③　**点検者を指名して**，作業箇所およびその周辺の地山について，その日の作業を開始する前，大雨の後および中震以上の地震の後，浮石，およびき裂の有無および状態並びに湧水および凍結の状態の変化を点検させること。

④ 点検者を指名して，発破を行った後，浮石およびき裂の有無および状態を点検させること。

⑤ **掘削面の高さが2m以上**となる場合は，地山の掘削及び土止め支保工作業主任者技能講習を修了した者のうちから，地山の掘削作業主任者を選任しなければならない。

⑥ **地山の掘削作業主任者**に，次の事項を行わせなければならない。

(イ) 作業の方法を決定し，作業を直接指揮すること。

(ロ) 器具および工具を点検し，不良品を取り除くこと。

(ハ) 要求性能墜落制止用器具等および保護帽の使用状況を監視する。

⑦ 地山の崩壊または土石の落下があるときは，あらかじめ，土止め支保工を設け防護網を張り，労働者の立入りを禁止する等の措置を講じる。

⑧ 埋設物等またはレンガ壁，コンクリートブロック塀，擁壁等の建設物に近接する箇所で明り掘削を行う場合は，これらを補強し，移動する等の措置が講じられた後でなければ，作業を行ってはならない。

⑨ 露出したガス導管は，つり防護，受け防護等により防護を行うか，または当該ガス導管を移設する等の措置を行わなければならない。

⑩ **ガス導管の防護の作業**については，当該作業を指揮する者を指名して，その者の直接の指揮のもとに当該作業を行わせなければならない。

⑪ 掘削機械，積込機械および運搬機械の使用によるガス導管，地中電線路その他地下に在する**工作物の損壊に危険**があるときは，これら機械を使用してはならない。

⑫ 運搬機械等が，労働者の作業箇所に後進して接近するとき，または転落のおそれのあるときは，誘導者を配置し，そのものにこれらの機械を誘導させなければならない。

⑬ 物体の飛来または落下による労働者の危険を防止するため，労働者に保護帽を着用させなければならない。

⑭ 作業を完全に行うために必要な照度を保持しなければならない。

(2) 型枠支保工の組立て又は解体の作業

労働安全衛生規則 第二編第三章 型わく支保工の項に，事業者が実施すべき安全対策に規定されている内容は，以下のとおりである。

① 型わく支保工の材料については，著しい損傷，変形または腐食があるものを使用してはならない。

② 型わく支保工については，型わくの形状，コンクリート打設の方法等に応じた堅固な構造のものでなければ，使用してはならない。

③　型わく支保工を組み立てるときは，組立図を作成し，かつ，当該組立図により組み立てなければならない。

④　**組立図**は，支柱，はり，つなぎ，筋かいの部材の配置，接合の方法および寸法が示されているものでなければならない。

⑤　敷角の使用，沈下を防止するための措置を講ずること。

⑥　支柱の脚部の固定，根がらみの取付け等支柱の脚部の滑動を防止するための措置を講ずること。

⑦　**支柱の継手**は，突合せ継手または差込み継手とすること。

⑧　**鋼材と鋼材との接合部および交差部**は，ボルト，クランプ等の金具を用いて緊結すること。

⑨　鋼管（パイプサポートを除く）を支柱として用いる場合，**高さ２m以内ごと**に水平つなぎを二方向に設ける。

⑩　パイプサポートを支柱として用いる場合，パイプサポートを３本以上継いで用いない。

⑪　パイプサポートを継いで用いる場合，４以上のボルトまたは専用の金具を用いて継ぐこと。

⑫　当該作業を行う区域には，関係労働者以外の労働者の立入りを禁止する。

⑬　強風，大雨，大雪等の悪天候のため，作業の実施について危険が予想されるときは，当該作業に労働者を従事させないこと。

⑭　材料，器具または工具を上げ，または下ろすときは，つり綱，つり袋等を労働者に使用させること。

⑮　型わく支保工の組立て等作業主任技術者技能講習を修了した者のうちから，型わく支保工の組立て等作業主任者を選任しなければならない。

⑯　型わく支保工の組立て等作業主任者に，次の事項を行わせなければならない。

⑴　作業の方法を決定し，作業を直接指揮すること。

⑵　材料の欠点の有無並びに器具および工具を点検し，不良品を取り除くこと。

⑶　作業中，墜落制止用器具等および保護帽の使用状況を監視すること。

〈解答例〉　解説の中から，(1)，(2)のいずれかを選び，５つを，解答欄に記述する。

(1)　明り掘削作業	①　作業箇所およびその周辺の地山についてボーリングその他適当な方法により調査し，掘削の時期および順序を定めて作業を行う。 ②　地山の種類，掘削面の高さに応じ，定められたこう配以下で掘削する。 ③　点検者を指名して，作業箇所およびその周辺の地山について，その日の作業を開始する前，大雨の後，中震以上の地震の後，浮石，き裂の有無および状態並びに含水，湧水，凍結の状態の変化を点検させる。 ④　地山の掘削及び土止め支保工作業主任者技能講習を修了した者のうちから，地山の掘削作業主任者を選任する。 ⑤　地山崩壊または土石の落下があるときは，あらかじめ土止め支保工を設け，防護網を張り，労働者の立入りを禁止するなどの措置を講ずる。
(2)　型わく支保工の組立て又は解体の作業	①　型わく支保工の材料は，著しい損傷，変形または腐食があるものを使用してはならない。 ②　型わく支保工を組み立てるときは組立図を作成し，その組立図により組み立てる。 ③　支柱の脚部の固定，根がらみの取付け等支柱の脚部の滑動を防止するための措置を講ずる。 ④　強風，大雨，大雪等の悪天候のため，作業の実施について危険が予想されるときは，当該作業に労働者を従事させない。 ⑤　材料，器具または工具を上げ，または下ろすときは，つり綱，つり袋を労働者に使用させる。

7章 建設副産物・環境保全

7.1 出題項目と出題回数

分野	出題項目	出題内容	重要用語	回数	出題年度
建設副産物適正処理推進要綱	関係者の責務と役割，現場管理，計画の作成	・関係者の責務と役割 ・建設副産物の適正な処理 ・工事着手前に行う事項，工事現場の管理体制，工事完了後に行うべき事項	・発生の抑制 ・排出事業者 ・下請負人 ・再資源化 ・特定建設資材 ・再資源利用促進計画 ・産業廃棄物管理表 ・廃棄物処理計画 ・搬出経路の確保 ・標識 ・再資源化した施設名称	3	H30, H28, H25
廃棄物の処理及び清掃に関する法律	元請業者の責務	・排出事業者が現場内で実施すべき対策 ・適正処理のため元請業者が行うべき事項 ・一時的現場内保管時の周辺への環境対策	・分別・保管 ・建設廃棄物の再生利用 ・一時的な現場内保管 ・収集運搬	3	R4, H29, H27
建設リサイクル法	特定建設資材	・特定建設資材名と処理方法，処理後の利用用途	・コンクリート塊 ・アスファルト・コンクリート塊 ・建設発生木材 ・コンクリートと鉄からなる建設資材	3	R3, R1, H26
騒音振動規制法	騒音・振動防止	・騒音・振動防止のための具体的対策	・騒音対策 ・振動対策	1	R2

7.2　出題傾向の分析と学習のポイント

①　この分野では，建設リサイクル法，建設副産物適正処理推進要綱，廃棄物の処理及び清掃に関する法律がほぼ均等に出題されてきたが，ここ10年以上出題されてこなかった騒音・振動対策の問題が，令和２年度に出題された。今後出題頻度が増える可能性があるので注意しておく。

②　建設副産物の処理・処分については，「建設副産物適正処理推進要綱」に示される排出事業者の責務，処理計画の作成等具体策と「建設工事に係る資材の再資源化等に関する法律（建設リサイクル法）」の**特定建設資材**の名称を覚えると伴に，「資源の有効な利用の促進に関する法律（資源有効利用促進法）」の**建設副産物**も比較し覚えておく。

③　分別解体と再資源化における請負者の責務を覚えること。

④　工事から発生する廃棄物の保管，収集・運搬について，「建設廃棄物の処理及び清掃に関する法律（廃棄物処理法）」に規定されている発注者，元請業者が行うべき責務を覚える。

⑤　**マニフェスト**の交付から保管・報告までの流れについて，内容を把握しておく必要がある。

⑥　現場の騒音・振動対策については，**特定建設作業**等の基本的な語句を覚えておく。

7.3 出題問題と解説・解答

1問題（選択問題）

建設工事において，排出事業者が「廃棄物の処理及び清掃に関する法律」及び「建設廃棄物処理指針」に基づき，建設廃棄物を現場内で保管する場合，周辺の生活環境に影響を及ぼさないようにするための**具体的措置を５つ**解答欄に記述しなさい。

ただし，特別管理産業廃棄物は対象としない。

〈R4－11〉

1解説・解答

建設現場から発生する建設廃棄物は「廃棄物の処理及び清掃に関する法律」(以下「法」という）において，一般廃棄物と産業廃棄物があり，これらについて，法第１条において，適正な分別，保管をすること，となっている。

再生利用にあたっては，**資源有効利用促進法**（資源の有効な利用の促進に関する法律），**建設リサイクル法**（建設工事に係る資材の再資源化等に関する法律）に原材料としての利用の可能性のあるものと，そのまま原材料となるものが次のように示されている。(塊) などカッコ内の表示は資源有効利用促進法及び建設リサイクル法での用語である。

① 原材料としての利用の可能性のあるもの：㋐**コンクリート破片（塊）**，㋑**アスファルト・コンクリート破片（塊）**，㋒**建設木くず（建設発生木材）**

② そのまま原材料となるもの：**金属くず**。なお，建設発生残土は法における廃棄物には当たらない。

排出事業者が作業所（現場）内において実施すべき具体的な対策には以下のようなものがある。

1 分 別

① 原材料としての利用の可能性のある，㋐コンクリート破片，㋑アスファルト・コンクリート破片，㋒建設木くず をそれぞれ分別する。

② そのまま原材料となる金属くずを分別する。

③ 分別にあたっては，他の廃棄物が混合しないよう，種類ごと仕切りや容器を設け，その中へ分別する。

2 保 管

① 保管施設により保管する。

② 飛散・流出しないようにし，粉塵防止や浸透防止等の対策をとる。

③ 汚水が生ずるおそれがある場合にあっては，当該汚水による公共の水域および

地下水の汚染を防止するために必要な排水溝等を設け，底面を不透水性の材料で覆う。

④　悪臭が発生しないようにする。

⑤　保管施設には，ねずみが生息し，蚊，はえその他の害虫が発生しないようにする。

⑥　周囲に囲いを設けること。なお，廃棄物の荷重がかかる場合には，その囲いを構造耐力上安全なものとする。

⑦　廃棄物の保管の場所である旨，その他廃棄物の保管に関して必要な事項を表示した掲示板が設けられている。

⑧　掲示板は縦および横それぞれ60 cm 以上とし，保管の場所の責任者の氏名，名称および連絡先，廃棄物の種類，積み上げることができる高さ等を記載する。

⑨　可燃物の保管には，消火設備を設けるなど火災時の対策を講ずる。

⑩　作業員等の関係者に保管方法等を周知徹底する。

〈解答例〉　解説の中から５つを選び，解答欄に記述する。

具体的な対策	①　原材料として利用の可能性のある，(ア) コンクリート破片，(イ) アスファルト・コンクリート破片，(ウ) 建設木くず をそれぞれ分別する。 ②　そのまま原材料となる金属くずを分別する。 ③　分別にあたっては，他の廃棄物が混合しないよう，種類ごとに仕切りや容器を設け，その中に分別する。 ④　保管施設により保管する。 ⑤　飛散・流出しないようにし，粉塵防止や浸透防止の対策をとる。

2問題（選択問題）

建設工事に係る資材の再資源化等に関する法律（建設リサイクル法）により再資源化を促進する特定建設資材に関する次の文章の［　　］の(イ)～(ホ)に当てはまる**適切な語句**を解答欄に記述しなさい。

(1)　コンクリート塊については，破砕，選別，混合物の［(イ)］，［(ロ)］調整等を行うことにより再生クラッシャーラン，再生コンクリート砂等として，道路，港湾，空港，駐車場及び建築物等の敷地内の舗装の路盤材，建築物等の埋戻し材，又は基礎材，コンクリート用骨材等に利用することを促進する。

(2)　建設発生木材については，チップ化し，［(ハ)］ボード，堆肥等の原材料として利用することを促進する。これらの利用が技術的な困難性，環境への負荷の程度等の観点から適切でない場合には［(ニ)］として利用することを促進する。

(3)　アスファルト・コンクリート塊については，破砕，選別，混合物の［(イ)］，［(ロ)］調整等を行うことにより，再生加熱アスファルト［(ホ)］混合物及および表層基層用再生加熱アスファルト混合物として，道路等の舗装の上層路盤材，基層用材料，又は表層用材料に利用することを促進する。

〈R3－7〉

2解説・解答

特定建設資材の処理方法と利用用途は下表のとおりである。

特定建設資材	処理方法	処理後の材料	用　途
コンクリート塊	① 破砕 ② 選別 ③ 混合物除去 ④ 粒度調整	① 再生クラッシャーラン ② 再生コンクリート砂 ③ 再生粒度調整砕石	① 路盤材 ② 埋め戻し材 ③ 基礎材 ④ コンクリート用骨材
建設発生木材	チップ化	① **木質**ボード ② 堆肥 ③ 木質マルチング材	① 住宅構造用建材 ② コンクリート型枠 ③ **発電燃料**
アスファルト・コンクリート塊	① 破砕 ② 選別 ③ 混合物除去 ④ 粒度調整	① 再生加熱アスファルト**安定処理**混合物 ② 表層基層用再生加熱アスファルト混合物 ③ 再生骨材	① 上層路盤材 ② 基層用材料 ③ 表層用材料 ④ 路盤材 ⑤ 埋め戻し材 ⑥ 基礎材

〈解答欄〉

(イ)	(ロ)	(ハ)	(ニ)	(ホ)
除去	粒度	木質	発電燃料	安定処理

3問題（選択問題）

建設工事にともなう**騒音又は振動防止のための具体的対策について５つ**解答欄に記述しなさい。

ただし，騒音と振動防止対策において同一内容は不可とする。

また，解答欄の（例）と同一内容は不可とする。

〈R2－11〉

3 解説・解答

(1) 騒音と振動防止の両方の共通対策

① 騒音・振動の小さい工法を採用する。

② 国土交通省で指定している低騒音・低振動型建設機械を採用する。

③ 機械の動力にはできる限り商用電源を用い，発動発電機の使用は避ける。

④ 機械の整備状態を良くする。老朽化した機械や長時間整備していない機械は，摩耗やゆるみ，潤滑油の不足　等により大きな騒音・振動の発生原因となる。

⑤ 適切な動力方式や型式の建設機械を選択する油圧式の機械の方が空気式より騒音が小さい。大型機種より小型機種，履帯式より車輪式の方が一般に騒音・振動は小さい。

(2) 騒音対策

① 音の発生源である定置機械を「防音建屋」の中に置き，壁による音の遮断と室内の吸音力により騒音を抑制する。

② 周辺への影響の少ない場所（家屋などから離れたところ）機械等を設置する。

③ 遮音壁・遮音塀・遮音シートの設置：遮音壁や塀などで影を作り騒音を低減させる。

④ 音源の機械を林の中に設置すると，音のエネルギーの吸収効果である程度騒音を低減できる。

(3) 振動防止対策

① 発動発電機や空気圧縮機などの防振対策として，機械を設置する基礎を大きくして振動の発生を抑えたり，防振ゴムなどの防振材を用いて振動を抑制する。

② 防振動の伝播経路の途中に空溝（防振溝）を設ける。ただし，振動の低減効果を高めるためには，かなりの深さと長さの講を掘削しなければならないため実際にもちいられる例は少ない。

〈解答例〉 行数が多すぎる場合は，どちらか片方を選定して下さい。

(1) 騒音対策

①	国土交通省で指定している低騒音型建設機械を使用する。
②	機械の動力にはできる限り商用電源を用いる。
③	周辺への影響の少ない場所に機械等を設置する。
④	遮音壁・遮音塀・遮音シートを設置する。
⑤	油圧式，小型機種，車輪式の機械を用い騒音をおさえる。

(2) 振動対策

①	国土交通省で指定している低振動型建設機械を使用する。
②	機械の整備状態を良くする。
③	防振ゴムなどの防振材を用いて振動を抑制する。
④	振動の伝播経路の途中に空溝（防振溝）を設ける。
⑤	油圧式，小型機種，車輪式の機械を用い振動をおさえる。

4 問題（選択問題）

特定建設資材廃棄物の再資源化等の促進のための具体的な方策等に関する次の文章の［　　］の(イ)～(ホ)に当てはまる**適切な語句**を解答欄に記述しなさい。

(1) コンクリート塊については，破砕，［(イ)］，混合物除去，粒度調整等を行うことにより，再生［(ロ)］，再生コンクリート砂等として，道路，港湾，空港，駐車場及び建築物等の敷地内の舗装の［(ハ)］，建築物等の埋め戻し材又は基礎材，コンクリート用骨材等に利用することを促進する。

(2) ［(ニ)］については，チップ化し，木質ボード，堆肥等の原材料として利用することを促進する。これらの利用が技術的な困難性，環境への負荷の程度等の観点から適切でない場合には燃料として利用することを促進する。

(3) アスファルト・コンクリート塊については，破砕，［(イ)］，混合物除去，粒度調整等を行うことにより，［(ホ)］アスファルト安定処理混合物及び表層基層用［(ホ)］アスファルト混合物として，道路等の舗装の上層［(ハ)］，基層用材料又は表層用材料に利用することを促進する。

〈R1－6〉

4解説・解答

特定建設資材の処理方法と利用用途は下表のとおりである。

特定建設資材	処理方法	処理後の材料	用　途
コンクリート塊	① 破砕 ② 選別 ③ 混合物除去 ④ 粒度調整	① 再生クラッシャーラン ② 再生コンクリート砂 ③ 再生粒度調整砕石	① **路盤材** ② 埋め戻し材 ③ 基礎材 ④ コンクリート用骨材
建設発生木材	チップ化	① 木質ボード ② 堆肥 ③ 木質マルチング材	① 住宅構造用建材 ② コンクリート型枠 ③ 発電燃料
アスファルト・コンクリート塊	① 破砕 ② 選別 ③ 混合物除去 ④ 粒度調整	① **再生加熱**アスファルト安定処理混合物 ② 表層基層用再生加熱アスファルト混合物 ③ 再生骨材	① 上層路盤材 ② 基層用材料 ③ 表層用材料 ④ 路盤材 ⑤ 埋め戻し材 ⑥ 基礎材

〈解答欄〉

(イ)	(ロ)	(ハ)	(ニ)	(ホ)
選別	クラッシャーラン	路盤材	建設発生木材	再生加熱

学科記述

5問題（選択問題）

建設副産物適正処理推進要綱に定められている関係者の責務と役割等に関する次の文章の［　　］の(イ)～(ホ)に当てはまる**適切な語句**を解答欄に記述しなさい。

(1) 発注者は，建設工事の発注に当たっては，建設副産物対策の［ (イ) ］を明示するとともに，分別解体等及び建設廃棄物の再資源化等に必要な［ (ロ) ］を計上しなければならない。

(2) 元請業者は，分別解体等を適正に実施するとともに，［ (ハ) ］事業者として建設廃棄物の再資源化等及び処理を適正に実施するよう努めなければならない。

(3) 元請業者は，工事請負契約に基づき，建設副産物の発生の［ (ニ) ］，再資源化等の促進及び適正処理が計画的かつ効率的に行われるよう適切な施工計画を作成しなければならない。

(4) ［ (ホ) ］は，建設副産物対策に自ら積極的に取り組むよう努めるとともに，元請業者の指示及び指導等に従わなければならない。

〈H30－6〉

5解説・解答

(1)　発注者は，建設工事の発注に当たっては，**建設副産物対策**の［(イ) 条件］を明示するとともに，分別解体等及び建設廃棄物の再資源化等に必要な［(ロ) 経費］**を計上**しなければならない。

(2)　元請業者は，分別解体等を適正に実施するとともに，［(ハ) 排出］**事業者**として建設廃棄物の再資源化等及び処理を適正に実施するよう努めなければならない。

(3)　元請業者は，工事請負契約に基づき，**建設副産物**の**発生の**［(ニ) 抑制］，**再資源化**等の**促進**及び適正処理が計画的かつ効率的に行われるよう適切な施工計画を作成しなければならない。

(4)　［(ホ) 下請負人］は，建設副産物対策に自ら積極的に取り組むよう努めるとともに，元請業者の指示及び指導等に従わなければならない。

〈解答欄〉

(イ)	(ロ)	(ハ)	(ニ)	(ホ)
条件	経費	排出	抑制	下請負人

第5編

基礎知識

1章　土工
2章　コンクリート工
3章　施工計画
4章　工程管理
5章　品質管理
6章　安全管理
7章　建設副産物・環境保全

1章 土工

1.1 土質調査

土質調査には，野外で地盤の強さなどを調べる**原位置試験**（サウンディング）と，現場からボーリングなどで土試料を採取し，試験室で圧密特性，密度や強度を調べる**土質試験**がある。

(1) 原位置試験

表1 原位置試験

試験の名称	試験結果から得られるもの	試験結果の利用
弾性波探査	地盤の弾性波速度 V〔m/s〕	地層の種類・性質，岩の掘削法 成層状況の推定
電気探査	地盤の比抵抗値 r〔Ω〕	地下水の状態の推定
単位体積質量試験 (砂置換法)(RI 法)	湿潤密度 ρ_t〔g/cm³〕 乾燥密度 ρ_d〔g/cm³〕	締固めの施工管理
標準貫入試験	N 値（打撃回数），試料採取	土の硬軟，締まり具合の判定
スウェーデン式サウンディング試験	N_{sw} 値（半回転数）	土の硬軟，締まり具合の判定
コーン貫入試験	コーン指数 q_c〔kN/m²〕	トラフィカビリティの判定
ベーン試験	粘着力 c〔N/mm²〕	細粒土の斜面や基礎地盤の安定計算
平板載荷試験	地盤反力係数 K〔kN/m³〕	締固めの施工管理
現場透水試験	透水係数 k〔cm/s〕	透水関係の設計計算 地盤改良工法の設計
現場 CBR 試験	CBR 値〔%〕	舗装厚さの設計

(2) 土質試験

表2 土の力学的性質を調査する試験

試験名	試験により求める値	試験で求めた値の利用法
締固め試験	ρ_{dmax}（最大乾燥密度） w_{opt}（最適含水比）	盛土の締固め管理
せん断試験 ・直接せん断試験 ・一軸圧縮試験 ・三軸圧縮試験	ϕ（内部摩擦角） c（粘着力） q_u（一軸圧縮強さ） S_t（鋭敏比）	地盤の支持力の確認 細粒土のこね返しによる支持力の判定 斜面の安定性の判定
室内 CBR 試験	設計 CBR 値 修正 CBR 値	路盤材料の選定 地盤支持力の推定
圧密試験	m_r（体積圧縮係数） c_r（圧密係数）	沈下量の判定 沈下時間の判定

表3　土の物理的性質を調査する試験

試験名	試験により求める値	試験で求めた値の利用法
含水量試験	w（含水比）	土の締固め管理，土の分類
土粒子の密度試験	ρ_s（土粒子の密度） S_r（飽和度） v_a（空気間隙率）	土の基本的な分類 高含水比粘性土の締固め管理
コンシステンシー試験（液性限界試験・塑性限界試験）	w_L（液性限界） w_P（塑性限界） I_P（塑性指数）	細粒土の分類 安定処理工法の検討 凍上性の判定 締固め管理
粒度試験	U（均等係数） 粒径加積曲線	盛土材料の判定 液状化の判定 透水性の判定
砂の密度試験	D_r（相対密度）	砂地盤の締まり具合の判断 砂層の液状化の判定

(3)　試験・測定方法

過去10年以上出題されていなかった，原位置試験の試験・測定方法を問う問題が令和4年度に出題された。以下に，主要な試験について，その測定方法を記述する。

①　標準貫入試験

長さ30 cmの土試料採取用のサンプラをロッドに取付け，質量63.5 kgのハンマを高さ76 cmから自由落下させ，サンプラを打撃し，サンプラが30 cm貫入するのに必要な打撃回数n〔N〕値を求める。

②　平板載荷試験

直径30 cm，厚さ22 mm以上の鋼板を油圧ジャッキで路床面に圧入し，沈下量1.25 mm当たりの貫入抵抗力を求め，地盤反力係数K〔kN/m^3〕で表す。

③　砂置換法

測定する地盤の土を掘り起こしてその質量m〔g〕をはかり，その掘り出した試験孔に，密度が既知の他の材料（豊浦標準砂など）を充てんし，投入量から試験孔の容積V〔cm^3〕を求め，単位体積質量を算定する。

④　RI法

γ線を物質中に透過させると，その透過率を計測して物質の密度を知ることができる原理を応用した，RI計器水分密度測定器を用い（ラジオアイソトープ法），現場密度と含水量を測定する。

⑤　現場CBR試験

静的に直径5 cmの貫入棒を油圧ジャッキで地盤中に貫入させ，貫入抵抗を求め，砕石への貫入抵抗を1としたときの比率を求める。

⑥ **ポータブルコーン貫入試験**

ポータブルコーンを人力により地盤中に10 cm 貫入させ，このときの抵抗力をコーン指数 q_c〔kN/m²〕として求める。

⑦ **プルーフローリング試験**

完成した路盤や道路にダンプトラック，タイヤローラ等を時速２km 程度で走らせ，表面沈下などの変形が大きな箇所に目視でチェックする。

1.2 土の締固め管理（第５章５・１盛土の品質管理（7）と合わせて学習する。）

土の締固め管理の方式としては，発注者が仕様書に機械の種類と走行回数で締固めを規定する**工法規定方式**と，材料の締固め品質を仕様書に明示して，締固め方式を請負者にゆだねる**品質規定方式**があり，**工法規定方式は設計変更の対象**になる。

(1) 工法規定方式

工法規定方式は，土の含水比にまったく影響されない岩塊（岩盤を砕いて直径30 cm 程度にしたもの），玉石（天然石で丸味のある直径14～18 cm のもの）などの盛土材料の締固め規定に適用され，**発注者の仕様書に施工方法が示されている**。敷均し厚さや，ローラの重量及び走行回数を変えて施工試験を行い，敷均し厚さ，走行回数，ローラ重量を仕様書に定めて，施工管理を行う方法である。

実際の施工管理に，ローラの走行軌跡を TS や GNSS により自動追跡する締固めの管理技術を使用することもある。

(2) 品質規定方式

品質規定方式は，盛土に必要な品質の基準は仕様書で明示されるが，**施工法は施工者の選択**にゆだねられる。したがって，盛土材料の性質により適正な締固め方法を選定する必要がある。

品質規定の代表的なものとしては，強度規定，変形量規定，乾燥密度規定，飽和度規定（空気間隙率規定）などがあり，土質にあわせて選択する。

1.3 盛土の材料

(1) 盛土材料の基本条件

盛土に使用する材料として要求される一般的性質は次のとおりである。

① トラフィカビリティ（施工機械の走行性）が良く，施工性の高いこと。

② せん断強さがあり，圧縮性が小さく，浸食に対して強いこと。

③ 木の根，草など有機物を含まない材料を用いる。

④ 膨張性の大きいベントナイト，有機土，温泉余土，凍土，酸性白土などは用いない。

すなわち，盛土材料に適しているのは，「**施工が容易，せん断強さが大きく，圧縮性が小さく，吸水による膨潤性が低い**」材料である。

(2)　道路の盛土材料

道路の盛土材料に適する一般的な順位は，支持力の大きさから，礫，礫質土，砂，砂質土の順になる。

(3)　堤防の盛土材料

堤防の盛土材料は，**流水側（川表）**には透水性の小さい**粘性土**を用い，**川裏側**には透水性の大きい**砂質系の土**を用いる。堤防は，不透水層を基礎地盤とし，透水性が低く，支持力がある盛土材料を用いる。**新堤を築造**するときは，上流側から下流側に施工し，**旧堤と3年間存立**させた後，旧堤を下流側から撤去する。

(4)　建設発生土の利用

近年，良質な盛土材料が簡単に手に入りにくくなったこともあり，資源有効利用促進法が制定され，建設発生土の利用が推進されている。**建設発生土**はコーン指数と土質材料の工学的分類体系を指標として**第1種〜第4種および泥土の5つに分類**されている。

建設発生土を使用する場合は，以下のような工夫が必要である。

①　自然含水比が高い建設発生土を使用する場合は，水切りや天日乾燥などの**脱水処理**を行う。

②　路床土に第3種，第4種の建設発生土を使用する場合は，セメントや石灰などによる安定処理を行う。

③　河川堤防の盛土材料として使用する場合，セメントや石灰などによって安定処理をした材料による築堤は，覆土を行うなど堤防植生の活着に配慮した対策が必要である。

④　安定処理が必要な発生土を用いた河川堤防の築堤は，堤体表面に乾燥収縮によるクラックが発生しないよう試験施工による検証を行い，工法の決定を行うのが望ましい。

⑤　発生土がシルト分が多い粘性土を用いた河川堤防の築堤は，粗粒土を混合して乾燥収縮によるクラックを防止することが必要である。

1.4　盛土の基礎地盤の処理

盛土工事を始めるにあたり，現地盤の状況を把握し，必要に応じて基礎地盤の処理を行う。

(1)　伐開除根

草木などの腐食による沈下を防ぐため，工事区域内は施工に先立って，伐開除根を行う。

①　草木の伐開は，在来地盤面に近い位置で行う。

②　道路の計画路床面下約1m以内にある切株，竹根，その他の有機物は除去する。

③　土取場では，掘削に先立ち草木，切株，竹根などをあらかじめ除去する。

④　山間のくぼ地などで，落ち葉あるいは枯れ枝などが堆積している場合は除去する。

(2) 表土処理

表土は植物の成育に適した養分等を含んでいるので，盛土法面や切土法面の衣土として活用するとともに，植生工の客土として活用できる。仮置きの法面勾配は安息角よりゆるくし，高さ１～２m 程度とするのが望ましい。

(3) 基礎地盤が水田などの場合の処理

基礎地盤が水田などの地下水位が高い軟弱地盤の場合は，そのままでは，**盛土施工時のトラフィカビリティの確保がむずかしいので，**

① 排水溝を掘って，含水比を低下させる。

② サンドマットにより初期の盛土作業のトラフィカビリティを確保する。

などの対策をとる。このような軟弱地盤に盛土をすると，地下水が上昇し，盛土の中に浸入するおそれがあるため，サンドマットや排水溝に砂あるいは切込み砂利などを充填し，地下水を盛土敷外に排水する機能をもたせるとよい。

また，盛土敷内に湧水があるときは，盛土後も排水できるように，穴あき管などを用いて盛土の外へ排水を導き，盛土内への流入防止や遮水を行うことが必要である。

(4) 基礎地盤の段差の処理

盛土の基礎地盤に極端な凹凸や段差がある場合，この凹部や段差付近は十分な締固めができず，均一な盛土ができないので，盛土にさきがけて，**段差や凹凸を平坦**にかき均し，均一な盛土の仕上りができるようにすることが必要である。

1.5 盛土の敷均し，締固め

(1) 盛土の敷均し，仕上り厚さ

道路盛土の場合，一般に，**路体**では一層の仕上り厚さを**30 cm 以下**とし，敷均し厚さを35～45 cm 以下に，**路床**では一層の締固め後の仕上り厚さを**20 cm 以下**とし，敷均し厚さを25～30 cm 以下としている。

河川の築堤土の敷均しは，30 cm 程度の厚さとし，ブルドーザ，タイヤローラなどで所定の密度まで十分に転圧する。

(2) 地盤が軟弱でトラフィカビリティが確保できないときの処置

① 湿地ブルドーザで締め固める。

② 表層排水溝により地下水位を低下させる。

③ 石灰，セメントを混合し，安定処理を行う。

④ サンドマットや鋼板などを敷設し，走行路をつくる。

(3) 盛土の敷均し，締固めの留意点

① 敷均しにあたっては，**直径30 cm 以上の岩塊**は，路体の底部に入れて均一の敷均しを行う。

② 粘性土には，軽い転圧機械，振動コンパクタやランマ，タンパなどを用いる。

③ **走行路**は，こね返しを避けて，1箇所に固定しない。

④ 施工中は，4～5％程度の傾斜を付けて，十分に**排水**する。

⑤ のり面は，ブルドーザでのり面と直角に締固め，勾配が1：1.8よりゆるいときはローラでのり面と直角に締め固める。土木構造物の勾配は縦と横の比で表し，常に縦は1とする。

⑥ **余盛**は天端だけでなく，小段，のり面も行う。

⑦ 締固めは最適含水比またはやや湿潤側で行う。

(4) 構造物と隣接する盛土施工の留意点

① 裏込め材料は，透水性が良く，圧縮性の小さい土を用いる。

② 小型のタンパ，振動コンパクタ，ランマなどを用いる。

③ まき出し厚さ（敷均し厚さ）は薄くし，構造物に偏圧（片側だけに圧力をかけること）を与えないように左右対称に締め固める。

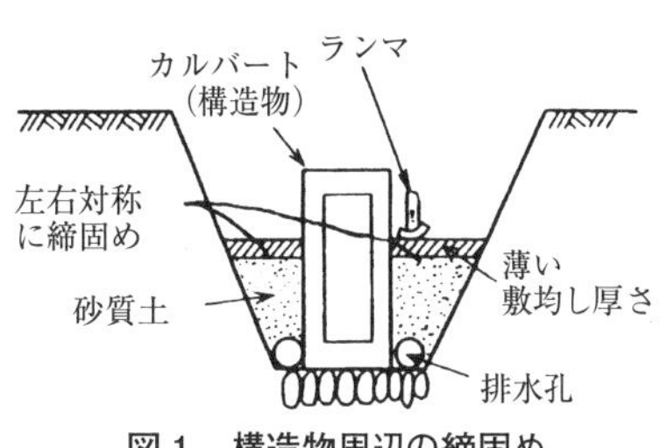

図1 構造物周辺の締固め

1.6 傾斜地盤上への盛土の施工

傾斜地盤上の盛土は下記に留意する。

① **切土と盛土の境界**に地下排水溝（暗渠）を設け，山側からの浸透水を排除する。

② 勾配が1：4より急なときは段切を設ける。**段切**は，幅1 m，高さ50 cm 以上とし，段切面は4～5％勾配をつける。

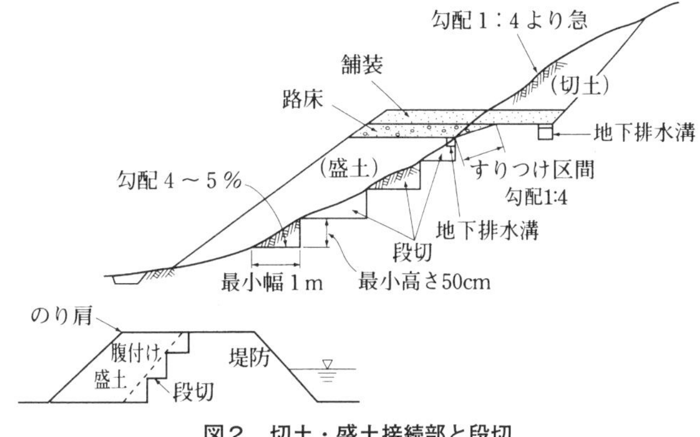

図2 切土・盛土接続部と段切

③ 切土と盛土の境界でなじみをよくするため，切土面上に良質土で勾配1：4のすりつけを行う。

④ **地下排水溝**は，切土のり面に近い山側の位置に設け，切土のり面からの流水を排除する。

1.7 盛土の補強

盛土の補強土工法には，代表的なものとして，下記の工法がある。

(1) ジオテキスタイル補強土工法

盛土内に面状に敷設したジオグリッドと盛土材の摩擦力による引抜き抵抗力とジオグリッドのかみ合わせ効果により盛土を補強する工法で，ジオグリッドの敷設にあたっては，適度の緊張力をもたせる。敷設，縫合には特殊な機械は必要なく，養生なども不要で工期が短い。

(2) テールアルメ工法（帯鋼補強土壁）

端部に補強材間の土粒子の崩落を防ぐための壁面材（スキン）を用い，盛土内に配置された帯鋼補強材（ストリップ）と盛土材との摩擦力による引抜き抵抗力で土留め効果を発揮させる工法で，盛土材のまき出しは，壁面側から盛土奥側に行う。

(3) 多数アンカー式補強土壁

盛土内に配置された鋼製のアンカー補強材の支圧抵抗力による引抜き抵抗力で，土留め効果を発揮させる工法である。盛土材料の締固めは，①盛土構造の本体中央部，②アンカープレート付近，③壁面付近の順で行う。

1.8 切土の施工

(1) 切土のり面の勾配

天然の地盤は，盛土地盤のように均一に仕上げることができない。このため，降雨，気象条件，湧水，のり高，地質，土質，風化の程度などにより，経験的に切土のり面の勾配は決定される。

標準法面勾配は，次の条件に該当する場合は適用できないので，法面勾配の変更及び法面保護工，法面排水工による対策を講じる必要がある。

① 崩積土，強風化斜面の切土

② 砂質土等，特に浸食に弱い土質の切土

③ 泥岩，蛇紋岩等，風化が速い岩の切土

④ 割れ目の多い岩の切土

⑤ 割れ目が流れ盤となる場合の切土

⑥ 地下水が多い場合の切土

⑦ 長大法面となる場合の切土

(2) 切土のり面の形状

のり面が砂質土などで浸食されやすいときは，小段に排水溝を設ける。また，土質が変化する位置に小段を設け，土質に応じたのり勾配とする。

(3) 切土施工上の留意点

① ベンチカット工法は，高い位置の地山を切土するとき，数段に分けて施工する。

② ダウンヒル工法は，高い位置から低い位置に向けてブルドーザで斜面に沿って掘削する。

③ 崩壊が予想されるのり面は小段を設け，のり勾配を1：1.5～1：2より緩くする。

④ シラス（水を含んで膨らむ火岩砂），まさ土は水を含むと弱くなるので，勾配を1：0.8～1：1.5程度とし，切土のり面に植生工を行う。

⑤ 長大なのり面は，勾配を緩くするか，抑止杭を用いて安定させるかを検討する。

⑥ 岩質の仕上げ面の凹凸は，30 cm 程度以下とする。

⑦ 土ののり面では，降雨により浸食されないように，軽微な場合はアスファルトを吹き付けたり，ビニールシードなどを用いて表面の流出を保護する。

⑧ 切土のり面から湧水がある場合，排水溝を設ける。

1.9 法面排水工

法面排水工は，斜面を流下する表面水や，法面から浸出する浸透水を排除し，法面の破壊を防止するために設置する。法面排水孔には，地表面排水工と地下排水工がある。

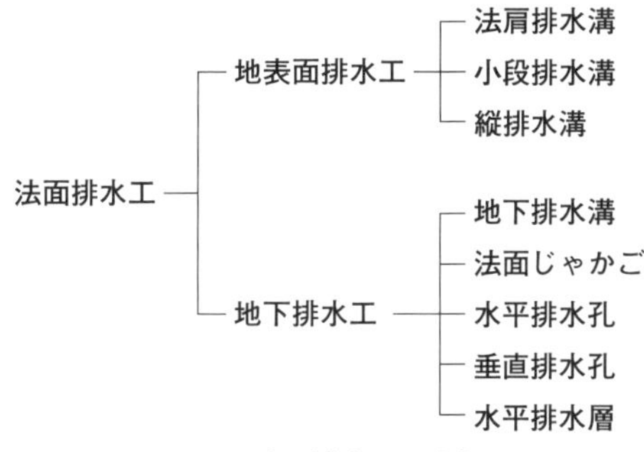

図3　法面排水工の分類

(1) 地表面排水工

法肩排水溝　法面上部の降雨による表流水が下部に流下することを防止する。

小段排水溝　法面が長大な場合，小段ごとに設け，その上部の表流水が下部法面に流下することを防止する。

縦排水溝　法肩排水溝や小段排水溝で集水した水を，すみやかに法尻に排水するために設ける。

(2) 地下排水工

地下排水溝　法面の湧水の原因となる地下水や地中に浸透した水を集水し，法面崩壊を防止する。地表に掘った溝の中に砂利等を詰めて埋め戻す。

法面じゃかご　湧水の多い法面では，地下排水溝などと併用し，法尻部にじゃかごを敷き並べた施設で，排水と同時に法尻崩壊の防止にも役立つ。

水平排水孔　目的は地下排水溝と同じで，法面に水平にボーリングして穴あき管等を挿入した工法である。

垂直排水孔　法面の直上あるいは法面の中に垂直な排水孔を掘り，浸透水の排除を図るもので，集水井が用いられる。

水平排水層　盛土法面の崩壊を防止するため，盛土の一定厚さごとに砂の排水層を挿入した施設。含水比が高い土で高盛土をすると盛土内部の間げき水圧が上昇し，法面崩壊が生じることがあるので，砂やジオテキスタイルなどの排水層を挿入し，間げき水圧を低下させて盛土の安定性を高めることもある。

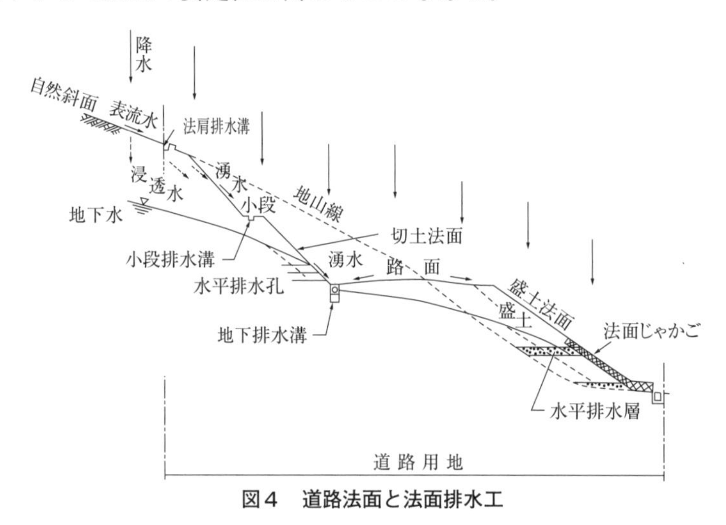

図4　道路法面と法面排水工

1.10　法面保護工法

土工事を行うと，切土法面，盛土法面が出現する。日本は降雨が多く，法面は降雨による浸食を受けるため，これを防止するために法面保護を行う。**法面保護工**には，植生による保護工と構造物による保護工がある。

表４　法面保護工とその目的（道路土工のり面工，斜面安定工指針）

保護工の分類		工　種	目的・特徴	摘要
植生工		種子散布工，植生基材吹付工 植生マット工，張芝工	雨水浸食防止，全面植生（緑化）凍上崩落防止のためネットを併用することがある。	盛土の浅い崩落
				切土の浅い崩落
		植生筋工，筋芝工	盛土の浸食防止，部分植生	盛土の浅い崩壊
		植生盤工，植生袋工，植生穴工	不良土，硬質土のり面の浸食防止，部分客土植生	切土の浅い崩落
構造物による法面保護工	密閉型 〔降雨の浸食を許さないもの〕	モルタル吹付工，コンクリート吹付工，石張工 ブロック張工 コンクリートブロック枠工	風化，浸食防止	切土の浅い崩壊
			（中詰めが栗石（練詰め）やブロック張り）	切土または盛土の浅い崩壊
	開放型 〔降雨の浸食を許すもの〕	コンクリートブロック枠工 編柵工 のり面じゃかご工	（中詰めが土砂や栗石の空詰め） のり表層部の浸食や湧水による流出の抑制	切土または盛土の浅い崩壊
	抗土圧型 〔ある程度の土圧に対抗できるもの〕	コンクリート擁壁工 現場打ちコンクリート枠工 グラウンドアンカー工	のり表層部の崩落防止，多少の土圧を受けるおそれのある個所の土留，岩盤はく落防止	盛土の浅い崩壊
				切土の深く広範囲に及ぶ崩壊

(1)　植生工

①　全面植生工

全面植生工は，盛土法面の雨水浸食を防止し，かつ凍上を防止するもので，法面全面に芝等を植え付ける工法である。

種子散布工はポンプを使用し，**植生基材吹付工**は，法面の凹凸に合わせ角度や距離を変えながら，一定の厚さになるようガンで吹付けを行う。

厚層基材吹付工は，吹付け基材厚３～10 cm と厚くして種吹付けを行う。**植生マット工**は，軟岩や土丹に不向きであるが，植生時期を問わない長所がある。**張芝工**は野芝，高麗芝を張り付ける工法で，風化しやすい砂質土に用いる。

②　部分植生工

部分植生工法は，法面に部分的に植生する工法である。

植生筋工と**筋芝工**は盛土の浸食防止，凍上防止を目的として施工する。不良土，硬質土，切土法面の浸食防止と客土の効果を目的とし

表５　全面植生工種

工　種	工　法	目　的
(a) 種子散布工	種・肥料・ファイバなどを水に分散させ，スラリーをポンプで散布する。	盛土のり面の浸食防止
(b) 植生基材吹付工	種・土・肥料に水を加えて，ガンで吹き付ける。	
(c) 植生マット工	種・肥料などを，布・紙・むしろなどのマットに装着して，被覆する。	切土のり面の浸食防止
(d) 張芝工	芝を全面に張り付ける。	

たのが，**植生盤工**，**植生袋工**，**植生穴工**である。植生盤工，植生袋工は，化学肥料と種子の入った植生盤や，植生袋を法面に埋め込む工法で，客土効果も期待できる。

表6 部分植生工種

工 種	工 法	目 的
（a）植生筋工	種・肥料を装着したマット（人工帯芝）を盛土の土羽打ちのとき筋状に入れる。	盛土の浸食防止・凍上防止
（b）筋芝工	盛土土羽打ちのとき筋状に芝を入れる。	
（c）植生盤工	種・肥料を入れた土を盤状にして帯状に張り付ける。	不良土・硬質土・切土法面の浸食防止・凍上防止
（d）植生袋工	種・肥料を網袋に詰め，帯状に張り付ける。	
（e）植生穴工	種・肥料をのり面に掘った穴に詰める。	

(2) 構造物による風化・浸食防止法面保護工

① モルタル・コンクリート吹付工

切土法面の風化，法面のはく落，崩落防止に用いられる。モルタル厚は8～10 cm，コンクリート厚は10～20 cm が一般的である。吹付けモルタルの強度は18 N/mm²を標準とする。

② 石張工およびブロック張工

勾配が1：1より緩い法面に用い，浸食，風化，崩落防止を目的とし，砂質土や崩れやすい粘性土の法面の施工に用いる。

③ コンクリートブロック枠工（プレキャスト枠工）

凹凸のない法面で，勾配が1：0.8より緩い法面に用い，盛土，切土法面に用いられ，湧水が少量である場合は，枠内に玉石を詰める。

(3) 構造物による法面保護工

① 編柵工（あみしがらみ）

木杭を法面に打込み，木杭の間に高分子ネット，竹，そだで編んだ編柵を取り付ける。編柵工は，洗掘を受ける法面に用い，法面の植生が生育するまでの間，法面の浸食・洗掘を防止する。

② 法面じゃかご工

法面が湧水により崩壊する恐れのあるとき，鉄筋かごに石を詰めたもの（じゃかご）を杭で留めて，湧水に対する保護と法面保護を兼ねる。

③ 場所打ちコンクリート枠工玉石空張工

長大な法面，はらみ出しの恐れがある法面で，湧水のある場合に玉石を空張りする。

(4) 構造物による岩盤はく落防止法面保護工

① コンクリート張り工

節理の多い岩，ルーズな岩錘層などの吹付工では安定しない法面に施工する。勾配が1：0.5より急なときは，鉄筋コンクリートを用いる。

② 場所打ちコンクリート枠工

特に湧水のある長大なのり面，勾配の急な法面で，はらみ出しの恐れのある場合に用いられる。

③ グラウンドアンカー工

PC鋼材などを地盤にボーリングして挿入し，モルタルを注入して固定する。

1.11 軟弱地盤対策

軟弱地盤の問題は「沈下」すること，「滑る」こと，「流動化」することである。したがって，軟弱地盤対策工法は，沈下促進工法または安定工法，滑りを防止する工法，流動化（液状化）を防止する工法に分類される。**軟弱地盤**に明確な定義はないが，**砂地盤**の場合は標準貫入試験の**N値が10未満**，**粘性土地盤**では**N値が4未満**を目安として，軟弱地盤に分類する。軟弱地盤対策は，軟弱層のある場所，土質によって対策が異なる。

(1) 表層軟弱地盤処理工法

表層軟弱地盤の処理は，支持力を高めて施工，運搬機械の走行性を確保することが目的である。

① 表層排水工法

深さ1m，幅0.5m程度の溝を掘削し，表層の地下水位を低下させることで含水比を低下させ，地耐力を向上させる。

② サンドマット工法

単独で用いられることは少なく，深層軟弱地盤対策工法の施工時にトラフィカビリティ（走行性）確保と地下水の排水目的で施工されることが多い。**厚さは0.5～1.2m程度**とし，透水性の高い砂を用いる。

③ 敷設工法

鋼板や化学ネットや化学シートを敷設し，トラフィカビリティを確保する。

④ 安定処理工法

セメント安定処理工法と石灰安定処理工法があり，**砂系軟弱地盤**には**セメント**，**粘性土系軟弱地盤**には，**石灰**が用いられる。

(2) 緩い砂地盤の対策工法

緩い砂地盤にある構造物は，地下水があると，地震のときに急激に支持力が低下し，構造物が地中に吸いこまれたり，倒壊したりする。この現象は，振動によって砂粒子と砂粒子の間に水が入り，砂粒子が相互にかみ合わず，急激に地盤の支持力を失うために発生する。この現象を**液状化現象**といい，河口に広がる都市の地盤は，液状化がおこりやすい。

対策としては，地盤中の密度を高めることが大切で，工法には，バイブロフローテーション，サンドコンパクション，ロッドコンパクション，置換工法などがある。

① **バイブロフローテーション工法**

バイブロフロットをウォータージェットで挿入し，貫入後，投入された砂を振動と水締めを行いながら引き抜き，緩い砂地盤の密度を向上させる工法である。50 cm 間隔ごとに横ジェットで締固めする。締固めは改良深さ 8 m，N 値20程度までである。

② **サンドコンパクションパイル工法**

内管，外管を持つ二重管を地盤に打込み，外管の中に砂を投入し，内管で砂を打撃して地盤中に貫入させ，砂杭を作る突固め工法である。この工法は，砂地盤，粘性土地盤両方の改良工法として用いられ，粘性土地盤では，改良後は N 値20程度，改良深さは35 m 程度である。

(3)　高含水比粘性土地盤の対策工法

① **バーチカルドレーン工法**（サンドドレーン工法）

軟弱地盤上にサンドマットを施工し，バイブロハンマを有するマンドレル（鋼管）を地中に振動圧入した後，ホッパから砂を投入し，圧縮空気を送り砂柱をつくって，マンドレルを引き抜く。さらに盛土して地中の間隙水を砂柱からサンドマットまで絞り出し，排水して圧密沈下させ，地盤の支持力を高める排水圧密工法である。**排水時間**は**砂杭の間隔の２乗に比例**して短くなる。改良深度は最大で35 m 程度である。

② **石灰パイル工法**

生石灰を地盤中に二重管を用いて打設して，生石灰が間隙水を強制的に吸水して，消石灰となり，大きな支持力を持つ杭になると同時に地盤を圧密し，沈下を減少させる働きがある石灰固結工法である。生石灰が消石灰になるとき，高温となるため注意を要する。生石灰杭の施工深さは30 m 程度である。

③ **深層混合処理工法**

地盤中にセメントや石灰を投入し，粘性土地盤と混合して原位置で柱体状，壁状に施工して地盤を固結するもので，地盤の沈下や滑り破壊を防止する固結工法である。深さ30 m 程度まで改良することができる。

④ **押え盛土工法**

一般に軟弱層が深く改良できないとき，本体盛土の滑りを防止するため，本体盛土の左右に押え盛土をして滑りを防止する。この工法で特に注意することは，サンドマットを施工した後，押え盛土は，**本体盛土**に先行して盛土ののり先に押え盛土を施工する。

⑤　**掘削置換工法**

軟弱層が比較的浅い場合に，バックホウやドラグラインにより軟弱地盤を掘削除去して，粗粒度の良質土で置換する。全面掘削置換工法と部分掘削置換工法がある。

⑥　**緩速載荷工法**

時間を十分にかけ，盛土の圧力によって圧密を進行させ，その状態を調べて安定性を判断する。盛土を時間的にコントロールして，全期間滑り破壊に対し所要の安全率を確保する工法で，漸増盛土載荷工法と段階盛土載荷工法の2工法がある。

㋑　**漸増盛土載荷工法**　　軟弱地盤が滑りを生じない範囲で地盤の強化を利用し，次の段階として漸増盛土する工法。

㋺　**段階盛土載荷工法**　　一次盛土として，滑りが生じる力の80%程度まで盛土し，地盤が強化されたとき，二次盛土として，圧密された地盤が滑りを生じる力の80%程度まで段階的に盛土する工法。

⑦　**載荷重工法**

軟弱地盤土に構造物を施工する前に圧密沈下を促進させ，強度を増加させる工法である。この工法は，盛土を載荷する工法と，地下水位を低下させ圧密させる排水工法がある。盛土を載荷する方法は，計画盛土高以上に盛土し圧密させ，余分な分を取除く**サーチャージ工法**と，計画に等しく盛土する**プレローディング工法**とに区分される。

1.12　土工機械

(1)　掘削機械（ショベル系）

ショベル系掘削機械は，本体のブームに掘削土質や場所に適する作業装置（フロントアタッチメント）を取り付けて用いる。例えば，パワーショベルは，機械の位置より高い場所にある土の掘削に適するように専用化され，バックホウは，機械の位置より低い場所にある土の掘削に専用化されている。

表7　フロントアタッチメントの適正作業

		パワーショベル	バックホウ	ドラグライン	クラムシェル
掘削力		大	大	小	小
掘削材料	硬い土・岩・破砕された岩	◎	◎	×	×
	水中掘削	×	◎	○	○
掘削位置	地面より高い所	◎	×	×	◎
	地面より低い所	×	◎	○	◎
	正確な掘削	○	○	×	○
	広い範囲	×	×	◎	○

○：適当，×：不適当，◎：○のうち出題頻度の高いもの

知基識礎

(2) 掘削運搬機械（トラクタ系）

トラクタにアタッチメントのブレードを取り付けたものをブルドーザという。ブルドーザは掘削，運搬，敷均し，締固めの連続作業が可能で，能率はよいが，精度は高くない。

① **ストレートドーザ** ブレードを固定し，硬い土を掘削する重掘削に用いる。

② **アングルドーザ** ブレードに25度前後の角度を付け，土を横方向に流す作業をする。

③ **チルトドーザ** ブレードの角を左上り，または右上りに立てて，地盤に溝を掘削するもので，硬い地盤に適する。

④ **リッパドーザ** リッパを立てて岩盤に差込み，節理と逆目で下り勾配として，能率よく岩盤を掘削できる。硬い岩ほど爪を少なくする。

⑤ **レーキドーザ** フォーク状のブレードを木株の下に押込み，除去，伐開除根する。

⑥ **トラクタショベル** タイヤまたはローラの足まわりをもつトラクタに土砂積込み用のショベルを取り付けたもので，軟らかい土をダンプに積込むのに用いる。

(3) 締固め機械

表8 締固め機械の適用土質

締固め機械	適　用　土　質
ロードローラ	路床・路盤の締固めや盛土の仕上げに用いられる。粒度調整材料，切込砂利・礫混り砂などに適している。
タイヤローラ	砂質土・礫混り砂・山砂利・まさ土など細粒分を適度に含んだ締固め容易な土に最適。その他，高含水粘性土などの特殊な土を除く普通土に適している。大型タイヤローラは，一部細粒化する軟岩にも適する。
振動ローラ	細粒化しにくい岩・岩砕・切込砂利・砂質土などに最適。また，一部細粒化する軟岩やのり面の締固めにも用いる。
タンピングローラ	風化岩・土丹（どたん）・礫混り粘性土など，細粒分は多いが鋭敏比の低い土に適している。一部細粒化する軟岩にも適している。
振動コンパクタ，タンパなど	鋭敏な粘性土などを除くほとんどの土に適用できる。ほかの機械が使用できない狭い場所やのり肩などに用いる。
湿地ブルドーザ	鋭敏比の高い粘性土，高含水比の砂質土・粘性土の締固めに用いる。

(4) 敷均し機械

ショベル系，トラクタ系および締固め機械の他によく用いられる土工機械には，次のようなものがある。

① **スクレーパ** 自走式と被けん引式があり，掘削，運搬，敷均しを一貫してできる。

② **スクレープドーザ** 2つの運転台を前後にもち，反転させずに粘性土の掘削，運搬，敷均しができ，狭い場所に用いる。

③ **モータグレーダ** スカリファイヤによる固結土のかき起し，敷均しのほか，前輪を傾斜させて安定を保ったり，ブレードを左右に振って，法線を仕上げるショルダーリーチ作業やバンクカット（法面掘削）ができる。

(5)　コーン指数，運搬距離，作業勾配による作業機械の選定

①　コーン指数と土工機械の関係

コーン指数の低い，軟弱な地盤では，履帯幅の広い湿地ブルドーザのような建設機械が必要になる。

逆にコーン指数が高い地盤では，スクレーパやダンプトラックなど，タイヤ式の建設機械を用いることができる。

②　運搬距離と土工機械の関係

自走式のモータスクレーパやダンプトラックなどは，ブルドーザや被けん引式スクレーパなどに比べて走行速度が速いため，比較的長距離の運搬に適している。

③　作業勾配

ブルドーザが傾斜地を掘削したり，ダンプトラックが土砂を運搬するときの通路や作業場の勾配を作業勾配という。各土工機械に適する作業勾配は%で表し，角度（°）では表示しない。ダンプトラックや自走式スクレーパは10〜15%，被けん引式スクレーパは15〜25%，ブルドーザは35〜40%以下となるように施工する。

表9　コーン指数と土工機械の関係

土工機械	コーン指数
湿地ブルドーザ	300以上
スクレープドーザ	600以上
ブルドーザ	500〜700以上
被けん引式スクレーパ	700〜1,000以上
モータスクレーパ	1,000〜1,300以上
ダンプトラック	1,200〜1,500以上

表10　運搬距離と土工機械の関係

土工機械	運搬距離
ブルドーザ	60 m 以下
スクレープドーザ	40〜250 m
被けん引式スクレーパ	60〜400 m
モータスクレーパ	200〜1,200 m
ショベルとダンプ	100 m 以上

1.13　土量計算

(1)　ほぐし率と締固め率

土量計算を行う場合，一般に地山土量，運搬土量，盛土量の３つの土の状態量を考える。

地山土量１m^{3}をショベルで掘削すると空気が含まれ，重さは変らないが，体積は増大する。これを**ほぐし土量**という。地山１m^{3}をローラで締め固めて，空気を追い出すと体積が圧縮される。これを**締固め土量**という。この土の体積の変化の割合を**土量の変化率**といい，それぞれLとCで表す。

$$\text{ほぐし率}\ L = \frac{\text{ほぐし土量}}{\text{地山土量}} \qquad \text{締固め率}\ C = \frac{\text{締固め土量}}{\text{地山土量}}$$

土量の**変化率** L は，土の運搬計画を立てるときに必要であり，**変化率** C は，配分計画を立案するときに用いられる。土量の変化率を求める際に信頼し得る地山土量測定値は200 m^{3}以上である。できれば500 m^{3}以上が望ましい。

地山土量を基準１とし，ほぐし率L，締固め率Cとすると，表11に示すとおりになる。

例えば，各土量が1000 m^{3}で$L = 1.2$，$C = 0.8$のとき，次のように換算係数fを用いる。

① 地山土量が1000 m³のとき，運搬土量は$1000 \times L = 1000 \times 1.2 = 1200$ m³

盛土量は$1000 \times C = 1000 \times 0.8 = 800$ m³

② 運搬土量が1000 m³のとき，地山土量は$1000 \times (1/L) = 1000/1.2 = 830$ m³

盛土量は$1000 \times (C/L) = 1000 \times 0.8/1.2 = 670$ m³

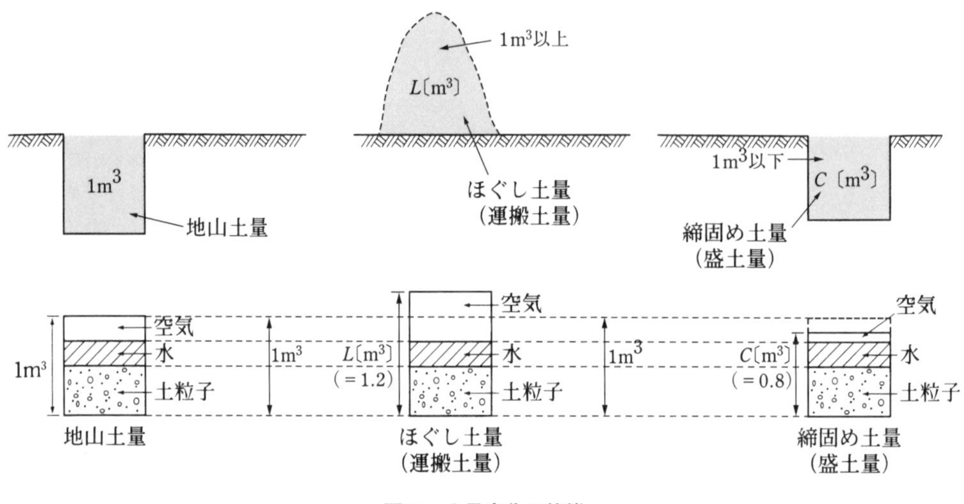

図5　土量変化の状態

表11　土の換算係数 *f*

土量	地山	運搬	盛土
① 地山土量	1	L	C
② 運搬土量	$1/L$	$L/L=1$	C/L
③ 盛土量	$1/C$	L/C	$C/C=1$

(2)　施工速度の計算

施工速度Qは1時間当たり地山土量を処理できる能力で〔m³/h〕を単位とし，次式で求める。

$$Q = \frac{60 \times k \times q \times E}{C_m \times L} \left(= \frac{3600 \times k \times q \times E}{C_m \times L} \quad C_m：秒 \right)$$

Q：施工速度（地山土量：〔m³/h〕）　L：ほぐし率　C_m：サイクルタイム（分）

k：バケット係数　E：作業効率　q：バケット容量〔m³〕

(3)　計算例

1)　購入土量を求める計算例

問　盛土量 A =12,000 m³が必要な土工事において，現場から流用できる地山土量が B =10,000 m³であるとき，購入すべき盛土量，購入すべき地山土量，購入すべき運搬土量を求めよ。

ただし，流用土のほぐし率 L =1.2，締固め率 C =0.8，購入土のほぐし率 L' =1.1，締固め率 C' =0.9とする。

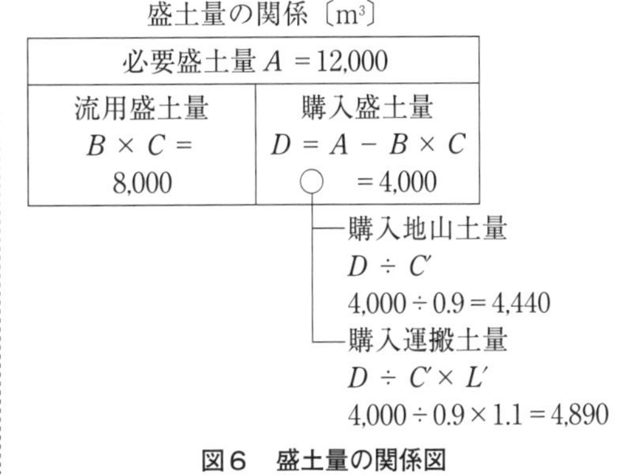

図6　盛土量の関係図

解　①　必要な盛土量　A =12,000 m³

②　現場から流用できる流用盛土量　$B \times C$ =10,000×0.8=8,000 m³

③　購入盛土量　$D = A - B \times C$ =12,000−8,000=4,000 m³

④　購入地山土量　$D \div C'$ =4,000÷0.9=4,440 m³

⑤　購入運搬土量　$D \div C' \times L'$ =4,000÷0.9×1.1=4,890 m³

2)　購入土の運搬ダンプトラックの必要回数の計算例

問　盛土量10,000 m³が必要な工事において，現場で流用できる切土量が8,000 m³で，流用土のほぐし率 L =1.2，締固め率 C =0.8であった。購入土のほぐし率 L' =1.1，締固め率 C' =0.9とし，ダンプトラック１回の積載量が８m³（ほぐし土量）とするとき，購入土を運搬するのに必要なダンプトラックの運搬回数を求めよ。

解　①　必要な盛土量　A =10,000 m³

②　現場から流用できる流用盛土量　$B \times C$ =8,000×0.8=6,400 m³

③　購入盛土量　$D = A - B \times C$ =10,000−6,400=3,600 m³

④　購入盛土量を購入運搬土量に換算する。$D \div C' \times L'$ =3,600÷0.9×1.1=4,400 m³

⑤　ダンプトラック１台の運搬土量８m³から購入土量の運搬回数を求める。

N =4400/8=550回

3)　施工速度の計算例

問　10,000 m³の地山土量を積載量８m³のダンプトラック10台で，１日８時間労働として作業しているとき，運び終わるのに要する日数を求めよ。ただし，作業効率 E =0.8，往復に要する時間 C_m =40分，地山のほぐし率 L =1.2とする。

解　①　ダンプトラック１台の施工速度 Q〔m³/h〕を求める。

$q = 8$，$k = 1$，$L = 1.2$，$C_m = 40$，$E = 0.8$

$$Q=\frac{60\times k\times q\times E}{C_m\times L}=\frac{60\times1\times8\times0.8}{40\times1.2}=8\ \mathrm{m^3/h}\ (\text{地山土量})$$

② ダンプトラック10台で1日に運搬できる地山土量＝$8\ \mathrm{m^3/h}\times8\ \mathrm{h}\times10=640\ \mathrm{m^3}$

③ 10,000 $\mathrm{m^3}$の地山土量を運搬するのに要する日数＝10,000/640＝16日

1.14　土留め工，仮締切り工

(1)　土留め工，仮締切り工の構造

土留めは陸上に施工し，主に土圧を支える。仮締切りは河川，海などの水圧を支える。**土留め工**は，深さ1.5 m以上で切土面が安定しない場合に用いられる。

(1)　土留めの構造

土留め支保工には，土圧・水圧・活荷重・死荷重・衝撃荷重・温度変化による荷重が作用し，覆工板を用いて覆うとき，杭には覆工板からの鉛直荷重が作用する。部材に働く応力度を許容応力度以下となるよう設計する。一般に，仮設構造は50％の許容応力度の割増が許されているが，鋼材の降伏点応力度を超えてはならない。

水平切梁工法の構造は，図7のように，**土留め壁・腹起し・切梁・火打梁**などの部材で構成し，土圧などを支える。

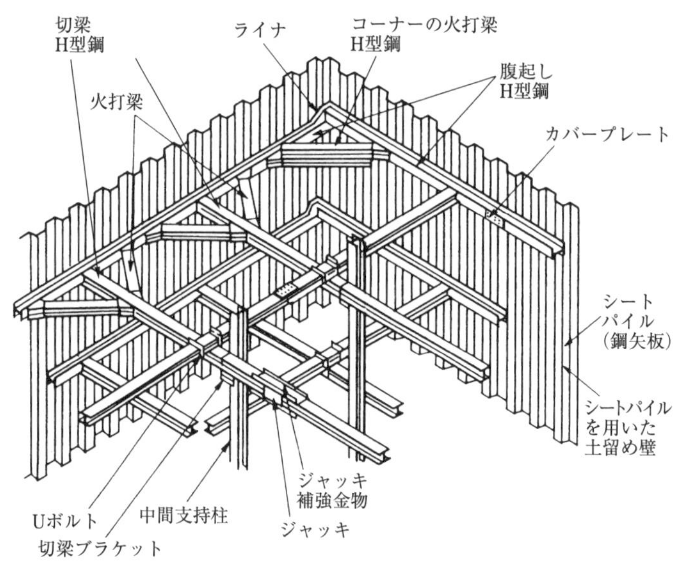

図7　水平切梁工法（鋼矢板工法）

(2)　仮締切りの構造

仮締切りの構造は，水圧に応じて定められ，一重締切りは簡易な場合に多く用いられ，二重締切りは，水深の大きい一般的な場合に用いられる。このほか，ケーソン式・堤式・コルゲートセル方式などが用いられている。

(2)　親杭横矢板工法

湧水のない５ｍ未満の硬質地盤に用いる。特に施工場所の途中に埋設物がある場合に適用される。

(3)　鋼矢板工法

①　ヒービングとボイリングに対する検討

ヒービングは，**高含水比の粘性土地盤**で，鋼矢板の根入れ深さが浅いとき，鋼矢板背面の土砂の圧力により，掘削底面が膨れ上がる現象で，背面地盤が沈下する。

ボイリングは，**緩い砂地盤**で，地下水位が高いときや，根入れ深さが浅いとき，鋼矢板背面の土砂の圧力により，水と砂が同時に湧き出す現象で，鋼矢板背面の地盤が沈下する。

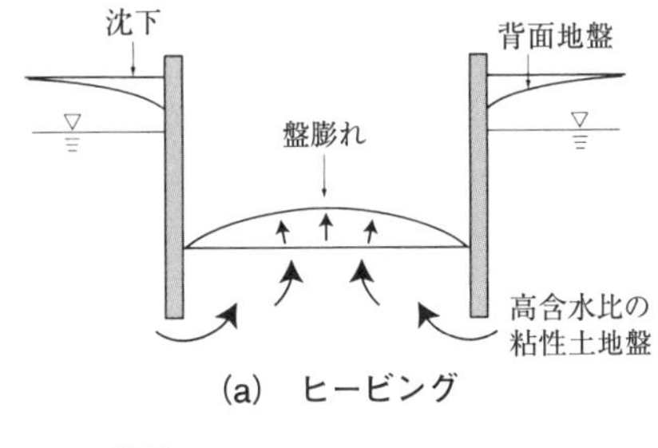

(a)　ヒービング

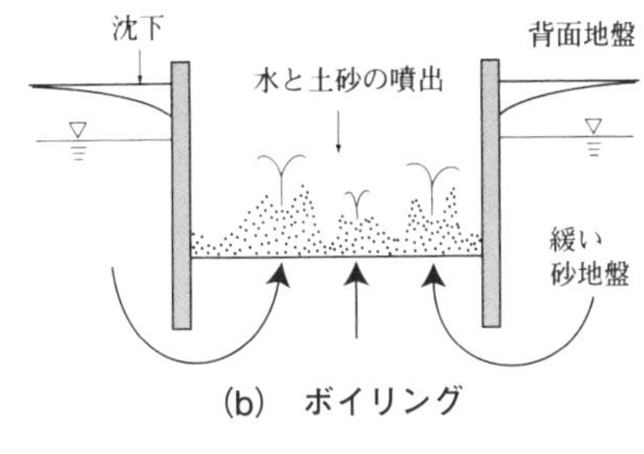

(b)　ボイリング

図８　ヒービングとボイリング

土留め支保工の目視観測および計測観測の結果，土留めの安全に支障が生じると予測される場合には，次のような対策をとる。

・　土留め壁の応力度が許容値を超えると予測されるときは，切梁，腹起しの段数を増す。

・　盤ぶくれに対する安全性が不足すると予測されるときは，鋼矢板の根入れを深くする。背面の荷重を減らす。掘削底面下の地盤改良により不透水層の厚さを増加させる。

・　ボイリングに対する安定性が不足すると予想されるときは，鋼矢板の根入れを深くする。背面側の地下水位を低下させるなどの処置をする。

②　土留め壁および支保工についての目視点検項目と確認内容

・　**土留め壁**　はらみ出しがないか，継手がはずれていないか，継手部から多量の漏水がないか確認する。また，あわせて，掘削底面に盤ぶくれのような変状はないか，鋼矢板背面が沈下していないか，目視点検を行う。

・　**支保工**　座屈している箇所はないか，ボルトの脱落がないかを確認する。

(4)　重要な仮設構造物の規定

①　**腹起し，切梁の継手**は，溶接または添接板を用いてボルト接合し，**突合せ継手**とする。

② コーナーにおける火打梁だけは，突合せができないので重ね継手とする。

③ **腹起しの第一段**は，地表面より1m以内に設け，**第二段**は，第一段から3m以内に設ける。また，腹起しの部材の継手間隔の長さは6m以上とする。

④ 切梁は，鉛直方向3m以下，水平方向5m以下に設け，座屈防止のため，火打梁，中間杭を設置する。

⑤ **所要の根入れ深さを確保する。**

2章 コンクリート工

2.1 コンクリート材料

(1) セメント

セメントには，JISに規定されているポルトランドセメント，混合セメント，JISに規定されていない特殊セメントがある。混合セメントは，ポルトランドセメントと混和材を混合したセメントで，混合する混和材の量によりA種，B種，C種に分けられる。

表12 主なセメントの種類と特徴

	分類	特徴
ポルトランドセメント系	普通ポルトランドセメント	一般の構造物に広く用いられている。
	早強ポルトランドセメント	初期強度が大きく，工期を短縮する場合や寒冷地などに適している。
	中庸熱ポルトランドセメント	水和熱（セメントと水の化学反応により生じる熱）が低く，ダムなどの大塊コンクリートに用いられる。
混合セメント	高炉セメント	微粉末にした高炉スラグ（高炉中で溶融された鉄鉱石と石灰石から鉄分を取り去った残りかす）をポルトランドセメントに混合したもので，長期にわたり強度の増進があり，水和熱が低く化学抵抗性が大きい。ダムや港湾などの大型の構造物に用いられる。
	フライアッシュセメント	火力発電所より排出される炭塵をポルトランドセメントに混合したもので，水和熱が低く化学抵抗性が大きい。ダムや港湾などの大型の構造物に用いられる。

(2) 水

コンクリートの練混ぜに用いる水は，上水道または規格に合格した水を使用する。鉄筋コンクリートに海水を用いてはならない。無筋コンクリートには海水を使用できる。

(3) 骨材

骨材は，粒径によって細骨材と粗骨材に分けられる。**細骨材**は10 mmふるいを全部通り，5 mmふるいを重量で85%以上通る砂をいい，**粗骨材**は5 mmふるいに重量で85%以上とどまる砂利をいう。

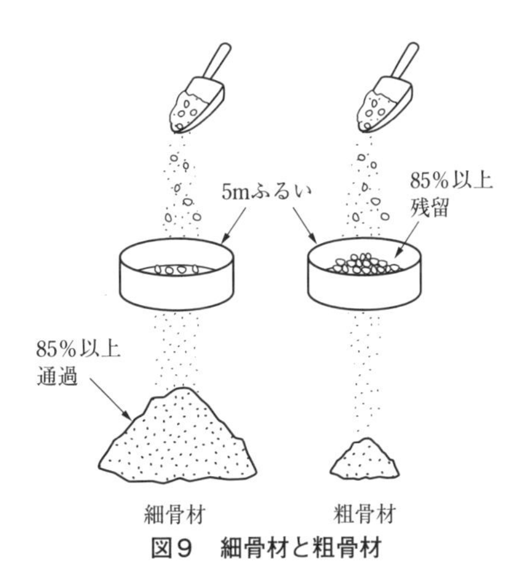

図9 細骨材と粗骨材

① 骨材に要求される性質

- ごみ，どろ，有機物を含まないこと。
- 密度，単位容積質量が大きいこと。
- 気象作用に影響を受けにくく，化学的に安定していること。
- 粒子が丸く，粒度分布が広いこと。
- すりへりにくいこと。すりへり減量に対する抵抗性を調べるため，ロサンゼルス試験を行う。

・ 吸水率が小さく，硬くて強いこと。硫酸ナトリウムによる安定試験を行い，骨材損失は，細骨材で10％以下，粗骨材で12％以下と規定されている。

② **骨材の粒度**

粒度のよい骨材を用いると，コンクリートの単位水量が少なく経済的になるとともにワーカビリティが改善され，施工しやすい耐久的なコンクリートができる。

・ 粗粒率　使用骨材の平均粒径を粗粒率という。

・ 粗骨材の最大寸法　ふるい分け試験で，質量で少なくとも骨材の90％が通過するときの最小のふるい目の寸法を，**粗骨材の最大寸法**という。

③ **骨材の性質と使用規定**

・ 砕石は川砂利より角張り，単位水量が同じ場合，スランプは小さく，強度は大きい。

・ **細骨材に砕砂**を用いる場合，できるだけ角張りの程度が小さく，細長い粒や扁平な粒の少ないものを選定し，**粒径判定実績率は54％以上**でなければならない。

・ **粗骨材に砕石**を用いる場合は，**粒径判定実績率は，56％以上**でなければならない。

・ **再生骨材Ｈ**は，破砕，摩砕，分級などの高度な処理を行って製造した骨材で，**レディーミクストコンクリートにも使用することができる。**

・ **再生骨材Ｍ**（中質品）及び**再生骨材Ｌ**（低品質）はJIS A 5308に規定される**レディーミクストコンクリートに使用できない。**

再生骨材Ｌの使用は，耐凍結融解性等の高い耐久性を必要としない無筋コンクリート，または，容易に交換可能な材料，小規模な鉄筋コンクリート，鉄筋を使用するコンクリートブロック等に限定される。

再生骨材Ｍは，構造用途に用いることはできるが，乾燥収縮および凍結融解作用を受けにくい，地下構造物等への適用に限定される。

(4) 混和材と混和剤

混和材料は，硬化前や硬化後のコンクリートの性質や品質を改善するために用い，セメント量の５％以上混入するものを**混和材**，１％未満混入するものを**混和剤**という。

表13 混和材料

- **混和材料**
  - 混和材
    - ポゾラン（フライアッシュ，シリカ，高炉スラグなど）
    - 岩石微粉末（石灰岩の石粉）
    - 膨張材（石こう，酸化鉄粉）
  - 混和剤
    - AE剤（空気連行剤）
    - 減水剤（セメント分散剤）
    - 促進剤（セメントの水和作用を早める）
    - 遅延剤（セメントの水和作用を遅らせる）
    - 着色剤（モルタルなどに混ぜる）
    - 防水剤（ひび割れを防止する）
    - 防錆剤（鉄筋の錆を防止する）
    - 流動化剤（コンクリートを流動化する）

① **混和材**

・ **ポゾラン反応と混和材**　混和材が，普通ポルトランドセメントから析出する水酸化カルシウムと反応して，安定したケイ酸塩として硬化する反応をポゾラン反応という。ポゾラン反応を生じる混和材には，フライアッシュやシリカフォームがある。

・ **潜在水硬性と混和材**　潜在水硬性とは，混和材が普通ポルトランドセメントから析出する水酸化カルシウムの石灰分と反応して硬化する性質をいう。潜在水硬性を生じる混和材としては，高炉スラグがある。

・ **混合セメントの特徴**　混合セメントは気温が低いと反応速度も遅く，混和材の硬化も十分でないので**寒中コンクリートには用いない**。また，発熱量が少ないので，マスコンクリートに**フライアッシュセメント**などが用いられる。

・ **エトリンガイトと膨張材**　膨張材としてカルシウム・サルホ・アルミネート（消石灰と石こうおよびアルミナを焼成したもの）を用いると，水和作用で膨張硬化するエトリンガイトが発生する。その他，膨張材として石灰石の微粉末なども用いられる。

② **混和剤**

・ **AE 剤**　界面活性剤の一種で，コンクリート中に独立気泡を一様に分布させる混和剤である。AE 剤によって混入される空気を**エントレンドエア**，自然に混入される空気を**エントラップトエア**という。AE 剤を混入したコンクリートを AE コンクリートといい，暑中，寒中コンクリートなどに用いる。AE 剤の作用は，空気量１%に付きスランプが2.5 cm 増し，単位水量を減少させ，ワーカビリティが改善されるが，**強度は４～６%低下する**。硬化後，**耐凍害性と耐久性が向上する**。

・ **減水剤**　初期水和を抑制し，流動性を保ちワーカビリティを向上させる。**単位水量を12～18%減少でき**，水セメント比（W/C）を小さくすることで，強度を向上できる。一般には，AE 剤の強度低下を防止するため，セットにした **AE 減水剤**を用いる。減水剤には，水和作用を促進させる促進型減水剤や，逆に遅らせる遅延型減水剤および高性能減水剤などがある。

・ **流動化剤**　スランプを大きくする目的で用い，ポンプによる施工に使用する。

・ **水中不分離性混和剤**　水中コンクリートに用い，粘性を増大させ，材料分離を防ぐ。

・ **硬化時間制御剤**　促進剤，急結剤，遅延剤などがあり，寒中コンクリート，暑中コンクリート，吹付コンクリートなどに用いて硬化時間を調節する。

・ **質量調整剤**　コンクリート中に気泡を導入する起泡剤で発泡剤（アルミ粉末）を用いる。

・ **防錆剤**　鉄筋の防錆のために用い，主にリン酸塩などを用いる。

- **防水剤** コンクリート面の吸水性や透水性を減じる目的で用いられ，ケイ酸ソーダ系，ポゾラン系などがある。
- **シリカホーム** 高強度コンクリートの施工性および強度発現性の改善に効果的な混和剤であるが，自己収縮が起りやすいため，膨張剤との併用が必要である。

2.2 コンクリートの配合

(1) フレッシュコンクリート

フレッシュコンクリートは，硬化後のコンクリートの所要の品質として，強度，耐久性，水密性を確保するための施工上の要件を備えていなければならない。この施工上の要件は一般に**ワーカビリティ（作業性）**という用語で表し，次の３つの要素の総称として表現する。

① **コンシステンシー**：フレッシュコンクリートの変形抵抗性をスランプ値で定量的に表す。スランプ値が大きいとコンクリートは軟らかく，コンシステンシーが小さい。スランプ値が小さいコンクリートは，振動台式（VC）コンシステンシーメータで測定する。

② **プラスチシティ**：コンクリートの粗骨材とモルタルが分かれる材料分離に対する抵抗性を示す概念的な用語である。

③ **フイニッシャビリティ**：コンクリートの型枠への詰めやすさ，表面の仕上げやすさなどの概念的な意味で用いられ，定量化されていない。

(2) 配合設計

① 単位セメント量と単位水量

配合設計をするときは，コンクリート１m^3を作るのに必要な量を計算する。その際必要な水の質量を単位水量，セメントの質量を単位セメント量という。単位水量の多いコンクリートは流動性が高く，コンシステンシーが小さく，ワーカビリティはよくなるが，強度は小さくなる。

② 水セメント比（W/C）と圧縮強度の関係

水セメント比が小さければ強度は大きく，大きいと強度は小さくなる。したがって，**施工できる範囲で，極力水セメント比を小さくすることで**，品質のよいコンクリートを作ることができる。

③ ブリーディングと水セメント比

水セメント比が大きいと，コンクリート打設後，重い骨材が沈降し，軽い水の浮上量が大きくなり，**水と骨材が分離するブリーディング**が発生する。このとき**水とともに浮出るコンクリートのあくをレイタンス**という。

コンクリートの表面に残ったレイタンスは強度が小さいので，新たにコンクリートを打継ぐときは，ワイヤブラシなどでレイタンスを除去し，何度も水洗いする。

④　**ヤング係数とクリープ**

水セメント比が小さく，圧縮強度が大きいコンクリートは，変形抵抗を示すヤング係数（弾性係数）が大きいので，自重などの持続荷重を受けて塑性変形するクリープが小さくなる。水セメント比が小さいとひび割れも少なく，変形に対して強い部材ができる。

2.3　レディーミクストコンクリート

(1)　レディーミクストコンクリートの購入

コンクリートには，普通コンクリート，軽量コンクリート，舗装コンクリート，高強度コンクリートの4種類がある。呼び強度は，普通コンクリート，軽量コンクリートの場合は圧縮強度で，舗装コンクリートの場合は曲げ強度で表す。

レディーミクストコンクリートは，コンクリートの種類，粗骨材の最大寸法，スランプ値および呼び強度を指定して購入する。

レディーミクストコンクリートの購入にあたり，次のように指定する。

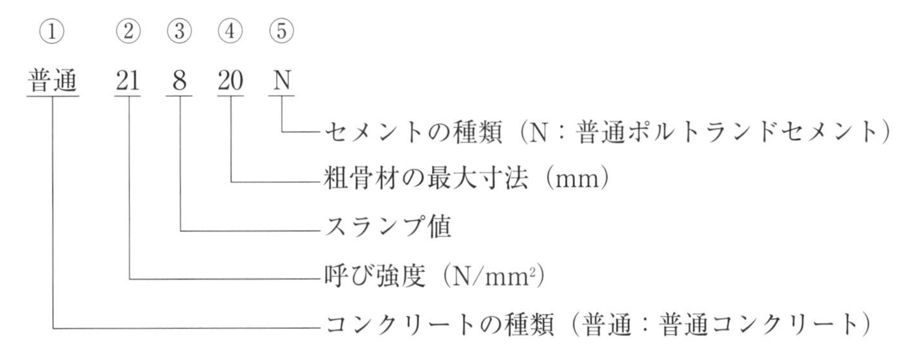

①　普通・軽量・舗装・高強度のいずれかから選定する。

②　呼び強度は，圧縮強度については18～60 N/mm²，曲げ強度については4.5 N/mm²を，表の値から選定する。

③　スランプ値は，一般に5～21の範囲で表の中から選定する。

④　粗骨材の最大寸法は，15～40 mm で表の中から選定する。

⑤　セメントの種類は，N：普通ポルトランドセメント，H：早強ポルトランドセメント，B：高炉セメントＡ種（BA），Ｂ種（BB），Ｃ種（BC），F：フライアッシュセメントＡ種（FA），Ｂ種（FB），Ｃ種（FC），M：中庸熱ポルトランドセメントなどのように表示する。

(2)　レディーミクストコンクリートの協議事項

購入者は生産者と協議し，コンクリートの温度，呼び強度を保証する材齢，単位水量の上限などの，**下記に示す17項目を指定できる。**

① セメントの種類
② 骨材の種類
③ 粗骨材の最大寸法
④ アルカリシリカ反応抑制対策の方法
⑤ 骨材のアルカリシリカ反応性による区分
⑥ 水の区分
⑦ 混和材料の種類および使用量
⑧ 塩化物含有量の上限値と異なる場合は，上限値
⑨ 呼び強度を保証する材齢（指定ないときは28日とする）
⑩ 規定の空気量と異なるときはその値
⑪ コンクリートの最高または最低温度
⑫ 軽量コンクリートの場合は，コンクリートの単位容積重量
⑬ 水セメント比の上限値
⑭ 単位セメント量の下限値または上限値
⑮ 単位水量の上限値
⑯ 流動化コンクリートの場合は，流動化する前のレディーミクストコンクリートからのスランプ値の増大量（購入者が④でアルカリ総量の規制による抑制対策の方法を指定する場合，購入者は，流動化剤によって混入されるアルカリ量〔kg/m^3〕）を生産者に通知する。
⑰ その他必要事項

(3) レディーミクストコンクリートの受入れ検査

レディーミクストコンクリートの受入れ検査は，**スランプ，強度，空気量，塩化物含有量**の項目について実施する。

表14 スランプ値の許容差

スランプ値〔cm〕	許容差〔cm〕
2.5	±1
5および6.5	±1.5
8以上18以下	±2.5
21	±1.5

① スランプ検査

スランプ値と受入れ許容差の関係を表14に示す。表からわかるように，スランプ値が大きいからといって，受入れの許容差が大きいとは限らない。

② 強度検査

試験は3回行い，3回のうち**どの1回の試験結果**も，**指定呼び強度の85%以上**を確保しなければならない。

3回の試験結果の**平均値**は，**指定呼び強度以上**でなければならない。ただし1回の試験結果は，任意の1運搬車から作った3個の供試体の試験値の平均で表す。

表15 空気量の許容差

コンクリート	空気量〔%〕	許容差〔%〕
普通コンクリート	4.5	±1.5
軽量コンクリート	5.0	
舗装コンクリート	4.5	
高強度コンクリート	4.5	

③ 空気量検査

コンクリートの空気量は，粗骨材の最大寸法その他に応じ，練上り時においてコンクリート容積の4～7%とするのが一般的である。寒冷地等で長期的に凍結融解作用を受けるような場合には，所要の強度を満足することを確認した上で，6%程度とするのがよい。空気量の許容量は，表15に示すとおりとされており，購入者が別に指定した場合でも，**受入れ許容差**は，どんなコンクリートでも**±1.5%で一定**である。

④　**塩化物含有量調査**

塩化物含有量は，塩化物イオン（Cl^-）量とし，塩化物含有量試験で調べ，許容上限は鉄筋コンクリートでは**0.3 kg/m³以下**である。無筋コンクリートでは，購入者の許可を得たとき，0.6 kg/m³以下とすることができる。

⑤　**検査場所の確認**

現場荷卸地点で強度，スランプ値，空気量，塩化物含有量を確認する。出荷時に工場で検査することがやむを得ないとき，**塩化物含有量の検査のみ**，**工場で実施することが認められている**。

2.4　コンクリートの運搬

(1)　コンクリートの運搬時間

普通コンクリート，軽量コンクリートは，練り始めてから荷卸しまで**1.5時間以内**とする。舗装コンクリート（ダンプ運搬）は，練り始めてから荷卸しまで１時間以内とする。

(2)　運搬車の選定

スランプ５cm 以上のものは，トラックミキサまたはアジテータ車を用い，スランプ５cm 未満の硬練りコンクリートは，ダンプトラックか，バケットを自動車に積んで運ぶ。

(3)　材料分離または固まり始めたコンクリートの取扱い

運搬中にモルタルと粗骨材が材料分離したときは，荷卸時にアジテータまたはトラックミキサを回転し練り直す。打込中に材料分離が著しかったり，**固まり始めたコンクリートは廃棄**する。

(4)　コンクリートポンプによる運搬

①　**圧送するコンクリートのスランプ**

圧送性を高めるため，単位水量を増加させてはならない。AE コンクリートより大きなスランプとする場合は，流動化剤，AE 減水剤を用いたコンクリートとする。

②　**コンクリートの輸送管の径路**

配管経路の計画では，配管は下向きに行ってはならない。配管距離はなるべく短くし，かつ曲がりの数を少なくする。ベント管，テーパ管は閉塞の原因となるので，なるべく曲げ半径を大きくしたり，緩い勾配のテーパ管を用いる。

③　**閉塞による中断防止**

コンクリートの圧送に先立ち，管内の潤滑のためモルタルを圧送する。圧送されたモルタルは原則として廃棄し，打込んではならない。また，やむを得ず打設を中断するときは，閉塞を防止するため，間隔をあけて数回ストロー圧送をするインターバル圧送を行う。**長時間中断するときは，すべてコンクリートを排出する**。

2.5 コンクリートの打込み

(1) コンクリートの打込み準備

① 吸水の恐れのある地盤，型枠面は湿潤状態にする。

② 作業中に配筋を乱さないよう，配管は配筋上に置かず，別の位置に台を設置する。

③ コンクリートの打込みは，コンクリートが横移動しないよう小分けて荷卸しする。

④ 根掘部分の水は打込み前に取り除く。

(2) コンクリートの打込み時の留意点

① 打込みは施工計画書により行う。

② 打込みは，供給源より遠い所から近い所へという順序で行う。

③ 打込み時，**鉄筋の配置を乱さない**。

④ 打ち込んだコンクリートは，型枠内で**横移動させない**。

⑤ 打ち込み中に**著しい材料分離**が認められた場合，そのコンクリートは**廃棄する**。

⑥ 1区画内のコンクリートは連続して打設する。コンクリート面は水平に仕上げる。

⑦ **気温が25℃以上**のとき，練り始めから，打込み完了まで，**1.5時間以内とする**。

⑧ **気温が25℃以下**のとき，練り始めから，打込み完了まで，**2時間以内とする**。

⑨ 型枠の高さが高いとき，型枠の途中に投入口を設け，**投入口の高さは1.5 m 以下とする**。

⑩ 打込み時に浮き出た水は，スポンジなどで排除する。

⑪ **コンクリートの1層**は，40〜50 cm とし，30分で1〜1.5 m 以下にして打ち上げる。

(3) シュートによる打込み

コンクリートの打込みにシュートを用いる場合は，**縦シュートの使用を標準とする**。

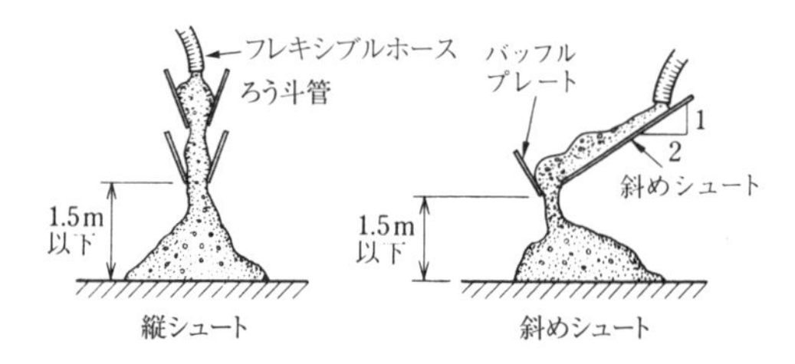

図10 シュートによる打込み

やむを得ず斜めシュートを用いる場合は，水平2に対し鉛直1程度の傾斜とし，材料分離を防ぐため，シュートの吐出し口にバッフルプレートを使用する。また，コンクリートの**打込み高さ**は，打込み用具にかかわらず**1.5 m 以下とする**。

(4) 許容打重ね時間間隔

許容打重ね時間間隔とは，下層のコンクリートの打込み締固めが完了した後，静置時間をはさんで上層のコンクリートが打込まれるまでの時間で，**外気温が25℃以下**で**2.5時間**，**25℃以上**で**2時間**を標準とする。

2.6　コンクリートの締固め

(1)　コンクリートの締固めの留意点

①　コンクリートの締固め機は**内部振動機を用いるのを原則とする。薄い壁**など内部振動機が適さないときは，型枠振動機を使用する。

②　コンクリートを２層以上に分けて打込む場合，下層のコンクリートが固まり始める前に打継ぎ，上下層が一体となるよう**振動棒を10 cm程度下層に貫入し**，締め固める。

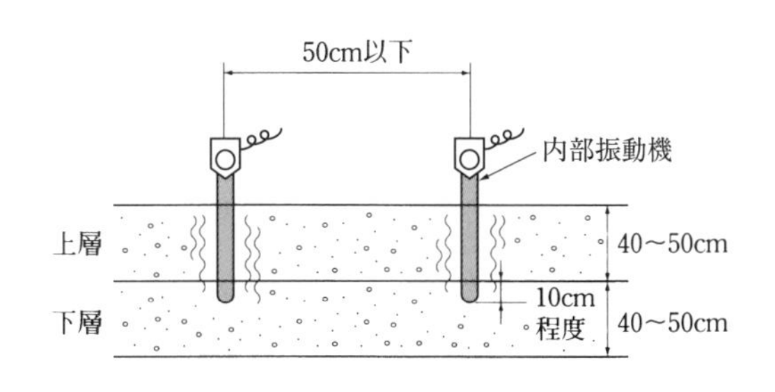

図11　コンクリートの締固め

③　コンクリートが鉄筋の周囲，型枠の隅まで行き渡るよう，振動棒を鉛直に挿入する。

④　**内部振動機の挿入間隔**は50 cm 以下とする。

⑤　コンクリートと鉄筋の密着を図るときは，コンクリートが硬化し始める前で，**再振動できる範囲でなるべく遅い時期に再振動**を行う。

(2)　表面仕上げ

表面仕上げは，美観上だけでなく，耐久性，水密性を維持するためにも大切な作業である。コンクリート上にしみ出した水を取り除き，木ごて，金ごて等を用いて行う。

①　上面の水を除去しないとレイタンスが発生し，仕上げ後ひび割れが発生する。

②　仕上げは，表面からブリーディング水が消失する頃に，木ごてで荒仕上げをし，その後，指で押してへこみにくい状態に固まった頃，**できるだけ遅い時期に**金ごてでセメントペーストを押し込みながら表面仕上げをする。

③　鉄筋位置の表面に沿ってコンクリートが沈下し，ひび割れが発生しやすいので，**タンピング**を行うか，**再仕上げ**を行い，ひび割れを取り除く。

2.7　コンクリートの打継目

(1)　打継目の位置と方向

コンクリートの打継目の部分は，他の箇所より強度が弱くなる。そこで打継目は，**最も負荷のかからない箇所**に設ける。

通常，打継目は設計書で定められているが，設計書にない場合，せん断力の小さい梁中央付近とし，**圧縮力に対して直角に打継目**を設ける。アーチ部材についても軸線に対して直角に打継目を設ける。**せん断力の大きな位置**に設けるときは，ほぞを作るか，鉄筋で補強する。

(2) 伸縮打継目とひび割れ誘発目地

① **伸縮打継目**　両側の構造物の部材が，構造上絶縁した位置に設ける。伸縮打継目は目地材が伸縮する必要があり，漏水を防止することが求められるので，止水板（ビニル）とアスファルト系シール材を用いる。

② **ひび割れ誘発目地**　コンクリート構造物は，ひび割れの発生を避けることができないので，計画的にひび割れの生じる位置を定め，亀裂を入れて弱い部分をつくる。

(3) 水平打継目，沈下ひび割れの防止

① **水平打継目**　上層と下層を水平に打継ぐもので，硬化前に打継ぐときは**高圧の空気または高圧水で表面のレイタンスを除去**する。これを**グリーンカット**という。硬化後に打継ぐときは，ワイヤブラシで打継面のレイタンスと浮石を除去し，表面に水を吹き付けて水洗いし，十分に湿潤した後，型枠を直して新コンクリートを打継ぐ。

② **沈下ひび割れの防止**　柱と梁，壁とスラブの打継ぎは，柱または壁の頭部まで打上げコンクリートが沈下するまで１～２時間待ってから，ハンチと梁，またはハンチとスラブなどを同時に打継ぐ。**柱と梁，壁とスラブを，連続打設してはならない。**

③ **逆打水平打継目**　逆打水平打継目はコンクリートの上層を施工し，その後下層を施工するとき，下層と上層の打継目を施工して一体化させるもので，次の３つの施工方法がある。

図12　逆打水平打継目の施工方法

充填法は上下層のレイタンスを除去し，十分水洗いして湿潤とし，膨張モルタルを注入する。**注入法**は，あらかじめグラウトパイプを埋め込んでおき，新旧コンクリートの打継目に膨張材を入れて注入グラウトする。**直接法**は，はね出し部を設け，特別な打継目は設けない。

(4) 鉛直打継目

鉛直打継目の施工では，図13のように，旧コンクリートの表面をワイヤブラシで削るか，チッピング（のみなどで表面をはつること）等により，表面を

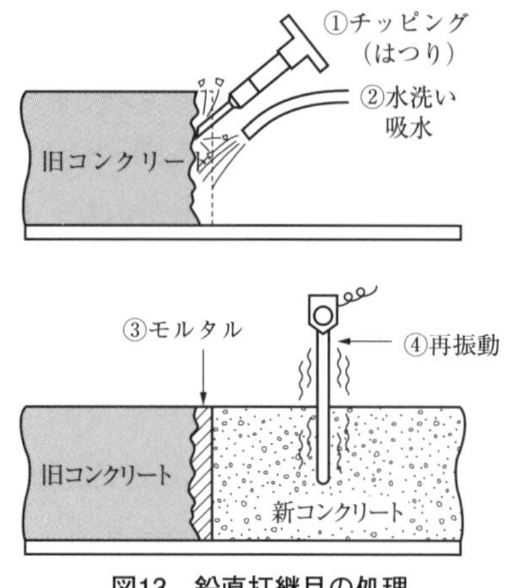

図13　鉛直打継目の処理

粗にして十分吸水させ，セメントペースト，モルタルあるいは湿潤用エポキシ樹脂などを塗ったのち，新しいコンクリートを打継ぐ。また，コンクリート打込み後に再振動を行い，ブリーディング水を追出す。

2.8　コンクリートの養生

(1)　湿潤養生

湿潤養生は，コンクリートの硬化中に十分な湿潤状態を保つため，コンクリートの露出面をマットや布等で覆った上に，散水等を行う養生方法である。

①　コンクリートは，打込み後，硬化が始まるまで，日光や風等による水分の逸散を防ぐ。

②　湿潤養生期間はセメントの種類により異なり，下表の通りである。

表16　湿潤養生の期間

日平均気温	普通ポルトランドセメント	混合セメントB種	早強ポルトランドセメント
15℃以上	5日	7日	3日
10℃以上	7日	9日	4日
5℃以上	9日	12日	5日

③　せき板が乾燥するときは，散水して乾燥を防ぐ。

④　**膜養生**の散布は，**コンクリート表面の水光りが消えた直後**に行う。

⑤　湿潤養生の効果は，打込み後3日間に発揮される部分が，その後の効果より大きい。

⑥　養生温度が高いほど初期における強度発現は大きいが，長期強度は初期養生温度が低いほうが大きくなる。

(2)　温度制御養生

温度制御養生は，コンクリートの水和を所定の速度にするため，コンクリートの温度をコントロールする養生方法である。蒸気養生，給熱養生，その他の促進養生を行う場合には，コンクリートに悪影響を及ぼさないように，養生を開始する時期，温度の上昇速度，冷却速度，養生温度および養生期間等を定める。

2.9　コンクリート型枠

(1)　型枠支保工の計画

①　**型枠支保工の作用荷重**　　鉛直方向は，自重，コンクリート，鉄筋，作業員，用具，衝撃による荷重，水平方向は，型枠の傾斜，衝撃，風圧，水圧，地震等を考慮する。

②　**型枠支保工設計上の留意点**

・　モルタルの漏れのない構造とする。

・　コンクリートの角に面取りをつける。

・ 重要な構造物の型枠については，設計図を作成する。

・ 支保工の沈下に対して，適当な上越しをする。

・ 型枠の高さが高いとき，型枠の途中に一時的に開口部を設ける。

③ **型枠のせき板の受ける側圧**　打込み速度が速いとき，打込み時の気温が低く硬化が遅いとき，スランプが大きく軟らかいとき，鉄筋量が少ないとき大きくなる。

(2) 型枠の施工・取外し

① **型枠の締付け**　プラスティック製コーンを使用する。

② **締付け材の処置**　型枠を取外した後，**表面**に残さないようにする。また，取外しを容易にするために，コンクリートと型枠の癒着を防ぐため，せき板の内面にはく離材を塗布する。

表面から2.5 cmの間にあるセパレータは穴をあけて取り去り，**高品質のモルタルを詰める**。

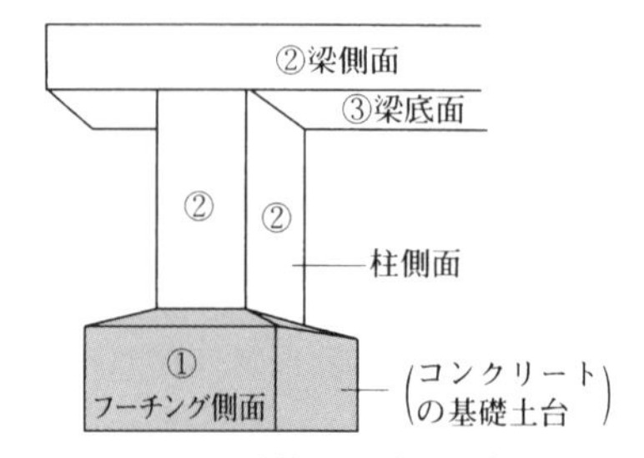

図14 外枠の取外し順序

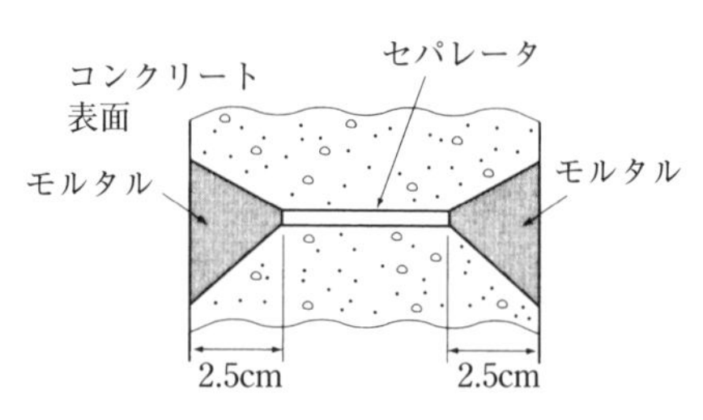

図15 セパレータの処理図

③ **型枠の取外し順序**　アーチ，ビル構造などの不静定構造物は，所定の強度に達したら直ちに型枠を取外す。型枠の取外し時期は圧縮強度で判断し，その目安は下記の値である。

・ 鉛直部材　フーチング側面　　3.5 N/mm²以上

・ 鉛直部材　柱，壁，梁側面　　5.0 N/mm²以上

・ 水平部材　スラブ・梁底面・アーチ内面　　14 N/mm²以上

2.10 特殊な条件をもつコンクリート

(1) 寒中コンクリート

日平均気温4℃以下と予想されるときは，**寒中コンクリート**として施工する。寒中コンクリートの配合設計では，単位水量を最小にし，－3℃以下では給熱養生をして，養生温度を5～20℃に保つことなどで硬化を促進する。留意点は以下の通りである。

① 材料は加熱して用いるが，**セメントは直接加熱してはならない**。

② 寒中コンクリートには，普通ポルトランドセメントまたは早強ポルトランドセメントを用い，AEコンクリートとする。**混合セメントは用いない**。

③ コンクリートポンプで運搬する場合は，輸送パイプを保温して熱損失を少なくする。

④ **打込み温度**は5～20℃の範囲とし，一般に**10℃を標準**とする。

⑤ 打継目のコンクリートが凍結しているときは，あらかじめ十分に溶かす。

⑥ コンクリートの打込み後，初期凍結を防止するため防風する。

⑦　**所定強度**5 N/mm²**が得られるまで**5℃**以上を保ち**，さらに**養生終了後**においても**2日間は0℃以上を保つ**。

⑧　温度差の大きいときの型枠は，発泡スチロールなど保温性のよいものを用いて覆う。

(2)　暑中コンクリート

日平均気温25℃を超えるときは，**暑中コンクリート**とする。暑中コンクリートはAE減水剤の遅延型を用いるのが標準である。また，単位セメント量をできるだけ少なくし，単位水量はワーカビリティの得られる範囲で最少とする。留意点は以下の通りである。

①　吸水の恐れのある型枠，地盤は，散水して湿潤状態にする。

②　コンクリートの**練始め，運搬から打込み終了まで1.5時間以内**とする。

③　コンクリートの**打込み温度は35℃以下**とする。

④　コンクリート面の水分の蒸発を防止するため，24時間は連続湿潤養生し，5日間常時散水養生して乾燥を防止する。

(3)　マスコンクリート

マスコンクリートは，セメントの反応熱の逃げ場が少ないため，内部温度が上昇し，外部との温度差が大きくなり，ひび割れ発生の恐れがある。留意事項は以下の通りである。

①　フライアッシュ，中庸熱ポルトランドセメント，高炉セメントを用いる。

②　単位セメント量，単位水量をできるだけ少なくし，**AE減水剤遅延型を用いる**。

③　打込み温度が所定の温度以下となるように製造する。

④　マスコンクリートの養生は，温度ひび割れ制御を計画通りに行うための温度制御が目的である。

⑤　ひび割れ誘発目地は，ひび割れが発生しても構造上影響のない位置に設ける。

⑥　温度ひび割れを防止するため，マスコンクリートの表面はスチレンボードや発泡スチロールなどで覆い，保温養生を行う。

⑦　パイプクーリングの通水温度が低すぎると，ひび割れの発生を助長することがあるので，**コンクリートの温度と通水温度の差は20℃以下**とする。

⑧　**マスコンクリート**とは，一般に，広がりのあるスラブは80～100 cm以上，下端が拘束された壁は厚さが50 cm以上のものをいう。

2.11　コンクリートの初期ひび割れ

(1)　温度ひび割れ

セメントの水和作用に伴う発熱によって，コンクリート温度が上昇し，その後放熱によって外気温度まで降下する。

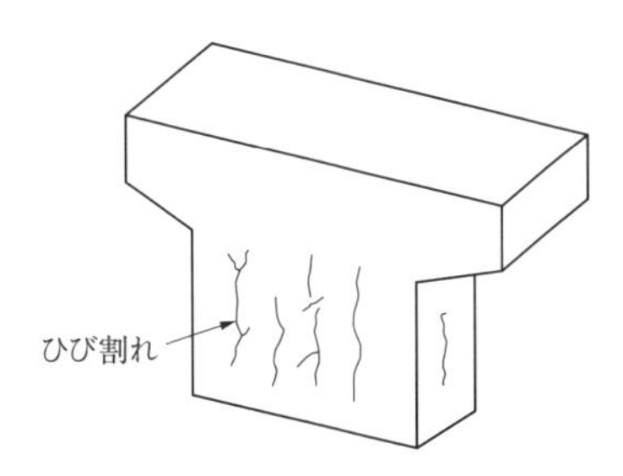

図16　水和熱によるひび割れ例

この過程において，①コンクリート表面と内部の温度差による拘束，②温度降下する際，地盤や既設コンクリートによって受ける拘束により，部材に温度応力が発生する。この応力が，コンクリートの引張強度より大きいとひび割れが発生する。

発熱量はセメント量に比例するので，**単位セメント量を低減**したり，**粗骨材の最大寸法を大きく**したり，**発熱量の少ないセメントを使用**する。あるいは，高性能減水剤，流動化剤を使用して単位水量を低減し，単位セメント量を減じる方法もある。

(2)　沈みひび割れ

コンクリートの沈下が鉄筋や埋設物に拘束された場合に発生する。発生した場合は，**タンピングや再振動**で，時間をおかずに処置することが大切である。

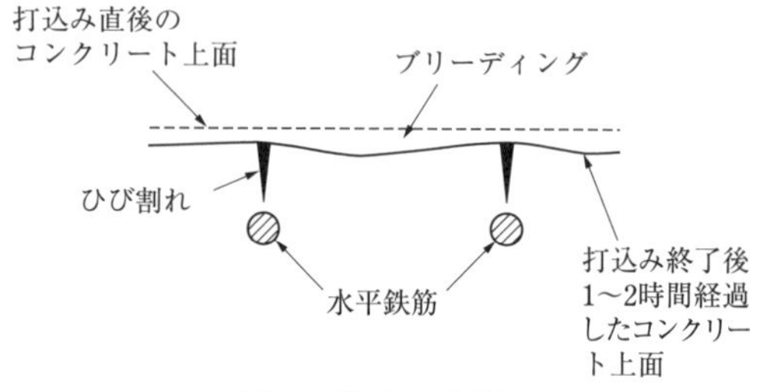

図17　沈みひび割れ

(3)　プラスチックひび割れ

打込み後，コンクリートがまだ十分硬化していない状態で表面が乾燥すると，セメント分が収縮して表面に不規則なひび割れが発生する。一般に夏期施工で発生しやすい。

このひび割れの特徴は，比較的細かく，浅いひび割れとなる場合が多い。このひび割れの防止対策は，**水分蒸発量を少なくすること**である。

(4)　乾燥収縮によるひび割れ

水で飽和したコンクリートの供試体を乾燥させると（5～10）$\times 10^{-4}$程度の収縮が発生する。

骨材にシルトや粘土が多量に含まれていると，乾燥によって，それらが体積変化を起こし，ひび割れを生じさせる恐れがある。単位水量が多いほど乾燥収縮は大きいので，所要のワーカビリティが得られる範囲で，**極力単位水量を少なくする**。

(5)　ブリーディングによるひび割れ

ブリーディングが大きいコンクリートの場合，ブリーディング水がコンクリート上面に浮き出て溜まるだけでなく，粗骨材の底部に溜まり，この部分が将来空隙となりひび割れが発生する。締固めを十分行い，空気等が侵入しにくい**密実なコンクリート**にする。

(6)　コールドジョイントによるひび割れ

コンクリートを打重ねる時間の間隔を過ぎて打設した場合，前に打込まれたコンクリートと後から打込まれたコンクリートが一体化しない状態になり，打重ね部分に不連続な面が生じることをいい，この面のコンクリートはぜい弱で，ひび割れが発生する。

コンクリートの打重ね時間を守るとともに，上下層が一体となるように，**振動棒を10 cm 下層に貫入**し，しっかり締固めることが大切である。

2.12　コンクリートの劣化原因と耐久性照査および抑制対策

コンクリートの劣化の主な原因としては，**中性化**，**塩害**，**アルカリシリカ反応**，**凍害**，**化学的腐食**などがある。

(1)　中性化

大気中の二酸化炭素がコンクリート内に侵入し，炭酸化反応を起こすことによって，細孔溶液の pH が低下する現象で，コンクリート内部の鋼材が腐食する可能性が発生する。

中性化深さの照査は，一般的に供用期間（年）の平方根に比例すると考えて行う。コンクリートにフェノールフタレイン１％溶液を噴霧し，紅色に変色しない箇所が中性化した部分である。

①　**中性化の進行**は，コンクリートが十分**湿潤状態であるほうが遅い**。

②　配合条件が同じコンクリートを比較すると，**屋外のコンクリート**のほうが屋内のコンクリートよりも，**中性化速度は小さい**。

③　同一単位セメント量のコンクリートでは，**単位水量の多いコンクリート**のほうが**中性化速度は大きい**。

(2)　塩害

コンクリート中の鋼材の腐食が塩化物イオンの存在により促進され，腐食生成物の体積膨張がコンクリートにひび割れやはく離を引き起こしたり，鋼材の断面減少を伴うことにより構造物の性能が低下し，所定の機能を果たせなくなる現象である。

塩化物イオンは，海水や凍結防止剤のように外部環境から供給される場合と，コンクリート製造時に材料から供給される場合とがある。

レディーミクストコンクリートの**塩化物イオンの含有量**を**0.3 kg/m^{3}以下**とする。

(3)　アルカリ骨材反応（アルカリシリカ反応）

アルカリシリカ反応性鉱物を含有する骨材（反応性骨材）は，コンクリート中の高いアルカリ性を示す水溶液と反応して，コンクリートに異常な膨張およびそれに伴うひび割れを発生させることがある。これがアルカリ骨材反応と呼ばれる現象である。

アルカリ骨材反応の抑制対策としては，骨材の反応性試験（化学法，モルタルバー法）で**無害と確認された骨材を使用**するか，コンクリート中の**アルカリ総量**を，酸化ナトリウム換算で**3.0 kg/m^{3}以内**にする。

(4)　凍害

コンクリート中の水分が０℃以下になったときの凍結膨張によって発生する。凍害を受けたコンクリート構造物では，表面にスケーリング，微細なひび割れおよびポップアウトなどの形で劣化が顕在化する。コンクリートの凍害に対する照査は，凍結融解試験による相対動弾性係数や質量減少率を指標として行うことができる。

コンクリートの**耐凍害性を高める対策**としては，**AE コンクリート**として単位水量を減少させる。また，必要な品質が得られる最も小さな水セメント比を選択する。

(5) 化学的腐食

コンクリートが外部からの化学作用を受け，セメント硬化体を構成する水和生成物が変質あるいは分解して結合能力を失っていく劣化現象を総称して化学的腐食という。化学的腐食を及ぼす要因物質は，酸類，アルカリ類，塩類，油類，腐食性ガスなど多岐にわたり，その結果として生じる劣化状況も一様でない。基本的な対策としては，かぶりを大きくすることと，密実なコンクリートとすることである。照査は暴露試験などで確認する。

3章 施工計画

3.1 施工計画の立案

(1) 施工計画決定の検討事項

施工計画立案に際しては次の事項を検討する。

① 契約および現場の条件

② 基本工程計画

③ 施工法と施工順序

④ 仮設備計画

⑤ 材料・労務・機械の調達，使用計画

⑥ 現場管理計画

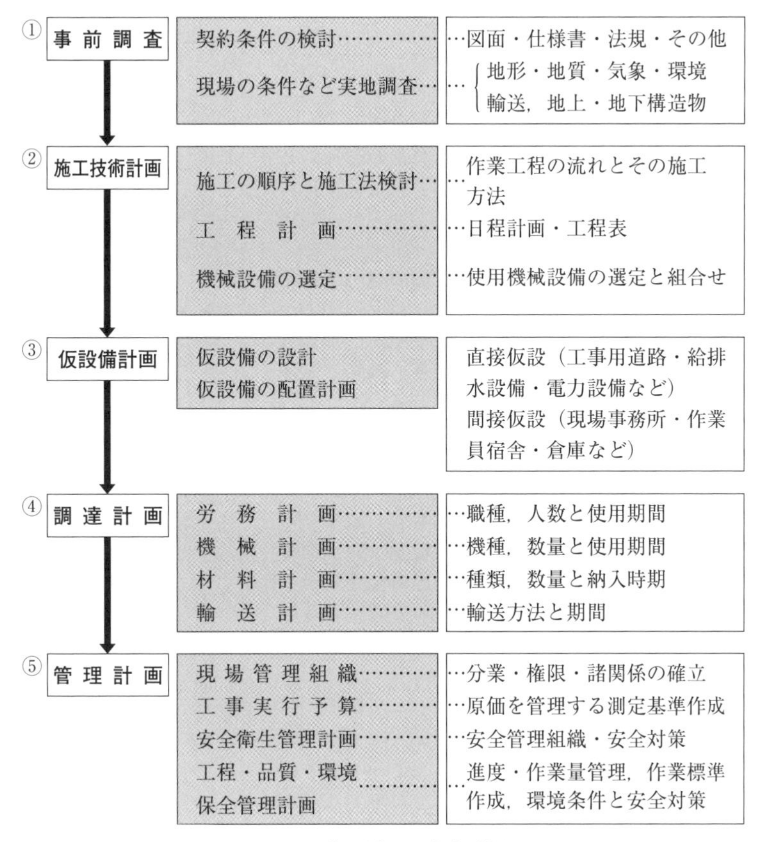

図18　施工計画の立案手順

(2) 基本方針決定の留意事項

① 従来の方法にとらわれず，新しい方法や改良を試みる。

② 過去の経験や技術にとらわれると，計画は姑息で過小となりやすく，理論と新工法

を主としたものは，過大な計画となりやすいので，よく検討する。

③ 重要な工事の施工計画の検討は，**現場代理人・主任技術者のみによることなく**，関係組織を活用して，**全社的な高度な技術レベルで検討することが望ましい**。

④ 発注者から示された**約程工程が最適工程とは限らない**ので，よく検討する。

⑤ 施工計画は，いくつかの代案も比較検討して，最適工事を探求する。

(3) 事前調査項目

施工計画を作成するための事前調査には，**契約書および設計図書**を事前に調査する**契約条件の調査**と，**現場において地形の測量等**を行う**現場条件の調査**がある。その具体的内容を表17，表18に示す。

表17 契約条件の調査項目

事業損失，不可抗力による損害に対する取扱い方法
工事中止に基づく損害に対する取扱い方法
資材，労務費の変動に基づく変更の取扱い方法
かし担保の範囲等
工事代金の支払い条件
数量の増減による変更の取扱い方法
図面と現場との相違点および数量の違算の有無
図面，仕様書，施工管理基準などによる規格値や基準値

表18 現場条件の調査項目

項　目	内　容
地　形	工事用地・土捨場・民家・道路
地　質	土質・地層・地下水
水文・気象	降雨・雪・風・波・洪水・潮位
用地・権利	用地境界・未解決用地・水利権・漁業権
公　害	騒音防止・振動防止・作業時間制限・地盤沈下
輸　送	道路状況・トンネル・橋梁
電力・水	工事用電力引込地点・取水場所
建　物	事務所・宿舎・機械修理工場・病院
労働力	地元労働者・季節労働者・賃金
物　価	地元調達材料価格・取扱商店

(4)　工事施工に伴う関係機関への届出

建設工事の着手に際し，施工者が提出する届出書類と提出先の一例を表19に示す。

表19　建設工事に伴う届出等書類と提出先例

届出等書類	提　　出　　先
道路使用許可申請書	所轄警察署長
道路占用願	道路管理者
特殊車両通行許可願	道路管理者
特定建設作業届	市町村長
労働保険の保険関係成立届	労働基準監督署長または公共職業安定所長
電気設備設置届	所轄消防長または消防署長
圧縮アセチレンガス（規定数量以上）貯蔵	所轄消防長または消防署長
電気主任技術者選任届	産業保安監督部長

3.2　工程計画

(1)　工程計画の基本

工程計画は，施工管理の目的である「より良く」，「より安く」，「より早く」の実現を左右する重要な計画である。その基本目的は下記の事項を実施することである。

①　各工程（各部分工事）の施工順序を決める。

②　各工程（各部分工事）に必要な作業可能日数，１日平均施工量など作業日程を算定する。

③　機械・設備の規模・台数などの組合せを決定する。

④　全体の実施工程表を作成する。

(2)　平均施工量

日程計画を立てるにあたっては，１日平均施工量を次式により算定する。

・１日平均施工量＝１時間平均施工量×１日平均作業時間

①　**１時間平均施工量**

建設機械１台当り，または作業者１人当りの１時間平均施工量は，作業条件，作業環境，地理的条件などにより影響を受けるので，慎重な考慮が必要である。人力施工については，施工歩掛を用いる。

②　**１日平均作業時間**

１日平均作業時間は，季節や工事の条件により異なるが，一般の工事では８～10時間である。トンネル工事では２交替16時間，ときには３交代で24時間作業を計画する。

建設機械による１日平均作業時間は，１日当り運転時間であり，機械運転員の拘束時間から機械の休止時間と日常整備及び修理の時間を差し引いたものである。

次式の運転時間率は，現地の状況，施工機械の良否などによって異なる。

$$運転時間率 = \frac{1日当り運転時間}{1日当り運転員の拘束時間}$$

ブルドーザ，ショベル系掘削機，ダンプトラックなどの主要機械については，一般に0.35～0.85で，標準は0.7といわれているが，これを0.7以上になるよう，機械管理，現場段取りを行う。

表20　機械の作業時間の構成

運転員拘束時間				
運転時間		日常整備時間	休　止　時　間	
実作業運転時間	その他運転時間	修理時間	休憩時間	その他休車時間

(3)　建設機械の最大施工速度

建設機械が1時間当り処理できる施工量は（土量のとき：m³/h）のことを施工速度といい，1時間当りに処理できる理論的な最大施工量を標準施工速度 Q_R（m³/h），実際に理想的な状態で処理できる最大の施工量を最大施工速度 Q_P（m³/h）という。

作業効率を E_q とすれば $Q_P = E_q \cdot Q_R$ となる。この最大施工速度 Q_P（m³/h）は公称能力（カタログの記載能力）といい，極めて好条件の下に処理できる量である。

(4)　建設機械の正常施工速度

実際の作業には，機械の調整，日常整備，燃料補給などの，作業上どうしても除くことができない損失時間がある。これを**正常損失時間**という。最大施工速度から正常損失時間を引いて求めた，実際に作業できる速度を**正常施工速度**という。

(5)　建設機械の平均施工速度

正常施工速度による工事の進行は，非常な好条件の下では数日続けることができるかもしれない。しかし，このような施工速度は，工事の見積や工程計算の基準にならない。そこで，正常損失時間および偶発損失時間を考えたときの施工速度を平均施工速度という。

偶発損失時間とは，着工時，工事終末期の不可避な遅滞（準備，跡片付けなど），機械の故障，施工段取りや材料不足による待機，地質不良，設計変更，悪天候などによる時間損失である。

(6)　施工計画の基礎となる施工速度

施工速度には各種のものがあるが，施工計画においては，図19のように使い分ける。

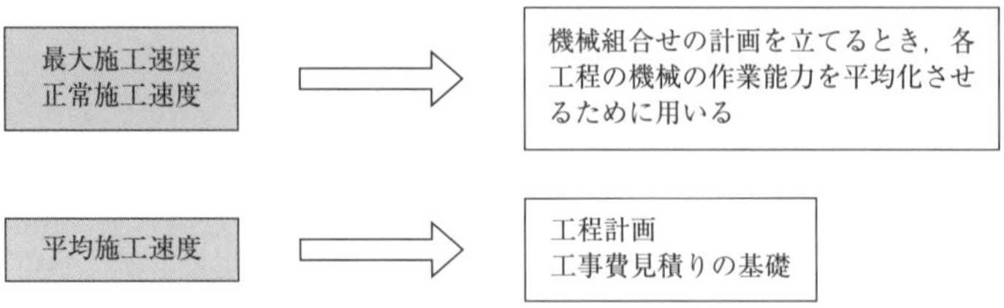

最大施工速度
正常施工速度
⇒ 機械組合せの計画を立てるとき，各工程の機械の作業能力を平均化させるために用いる

平均施工速度 ⇒ 工程計画
工事費見積りの基礎

図19　施工速度と施工計画の関係

土工の場合，建設機械は掘削機械を**主機械**とし，施工能力は最小にする。運搬機械，敷均し機械，締固め機械などを**従機械**として，施工能力は主機械の能力よりも大きいものを選定する。

3.3　仮設備の施工計画

仮設備は，工事目的物を作るための手段として一時的に整備されるもので，工事完了後は撤去されるものである。特に工事において重要な仮設備については，**発注者が本工事として取扱う場合がある**。このような**仮設備**を**指定仮設**といい，**設計変更の対象になる**。これに対し，**請負者にまかされたもの**を**任意仮設**といい，**設計変更の対象にならない**。

仮設備計画を立てるにあたって，特に留意しなければならない事項は以下の通りである。

① 仮設備計画には，仮設備の設置・維持・撤去，跡片付け工事まで含まれる。

② 仮設備が適正であるためには，むだ・むり・むらのない，必要最小限の設備とする。

③ 仮設備の配置計画にあたっては，地形その他の現場条件を勘案し，作業の能率化を図る。

④ 仮設備はややもすると手を抜いたり，おろそかにされやすく，事故の原因になり，かえって多くの費用を必要とする場合がある。使用目的・使用期間などに応じて，その構造を設計し，労働安全衛生規則などの基準に合致するよう計画しなければならない。

(1)　仮設備の内容

仮設備には，工事に直接関係する**直接仮設備**（取付け道路・プラント・電力・給水など）と**間接仮設備**（宿舎・作業所・倉庫など）がある。

仮設備の内容は，工事の種類・規模などによってそれぞれ異なるが，一般的なものを上げれば表21の通りである。

表21　仮設備の内容

設　備	内　容
締切り設備	土砂締切り，矢板締切り
荷役設備	走行クレーン，ホッパ，仮設さん橋
運搬設備	工事用軌道，工事用道路，ケーブルクレーン
プラント設備	コンクリートプラント，骨材プラント
給水設備	取水設備，給水管
排水設備	排水ポンプ設備，排水溝
給気設備	コンプレッサ設備，給気管，圧気設備
換気設備	換気扇，風管
電気設備	受変電設備，高圧・低圧幹線，照明，通信
安全設備	安全対策設備，公害防止設備
仮設建物設備	事務所，宿舎，倉庫
加工設備	修理工場，鉄筋加工所，材料置場
その他	調査試験，その他分類しにくい設備

(2)　土留め工

建設工事公衆災害防止対策要綱では，**掘削深さが1.5 m 以上の場合**，**土留め工を行う**ことを定めている。土留め工は，構造形式による分類では，自立式，切梁式，アンカー式，アイランド式に大別される。

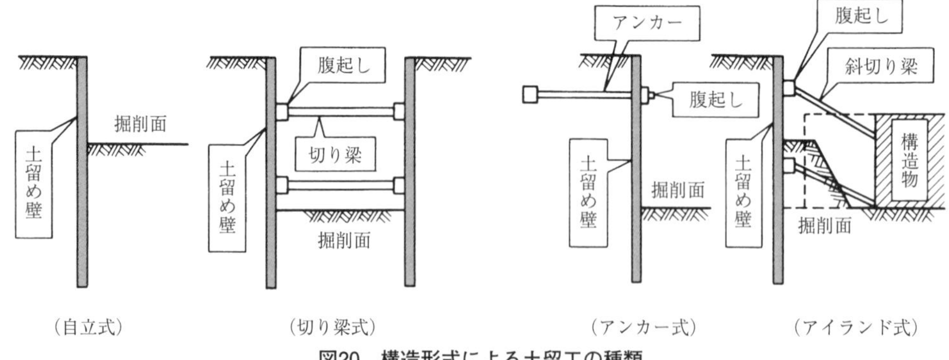

図20 構造形式による土留工の種類

表22 構造形式による土留め工の種類

名称	自立式	切梁式	アンカー式	アイランド式
特徴・用途	掘削の深さが比較的浅い場合に用いられる	掘削が深く，敷地に余裕のない場合で掘削量をなるべく減らしたい場合などで用いる，最も一般的な方法である	掘削内部のスペースを広く用いる場合や，掘削幅が広い場合に用いるが，敷地外にアンカーが打ち込めるか，控え版が施工できる場合に用いられる	掘削面積が広く切梁・支保工が不利な場合や，軟弱地盤でヒービング防止のためなどの場合に用いられる

使用による**土留め壁の種類**は，**矢板（木材）工法，親杭横矢板工法，鋼矢板（鋼管矢板）工法，コンクリート地中連続壁工法**に大別される。

表23 使用材料による土留め工の種類

名称	形状	適用条件	特徴
矢板（木材）工法	縦木矢板	●ごく簡単な土留め ●トレンチ工法	●工費が安い ●強度が弱い
親杭横矢板工法	H杭 横木矢板	●地下水位が低く湧水のない場合 ●普通地盤（ボイリング・ヒービングの恐れがない場合） ●路面荷重の支持も可能	●工費が比較的安い ●障害物があっても施工可能 ●周辺地盤を乱す危険があるので土留めは密着させる必要あり
鋼矢板工法		●地下水位が高い砂質地盤に適する ●土留めと止水の役割を果たす ●ヒービング・ボイリングが起きる軟弱地盤に適する	●材料の反復使用可能 ●埋設物があると連続的に不可能 ●玉石やかたい地盤に不適，騒音が出る
コンクリート地中連続壁工法	H杭 柱列式 コンクリート 壁式 鉄筋 コンクリート	●路面荷重の支持と土留め，止水もできる ●無騒音・無振動で施工 ●周辺地盤沈下防止や，掘削が深い場合	●本体構造として利用可能 ●長さ・厚さが比較的自由 ●仮土留めとした場合は工費が高い ●柱列式はたがいに密着する必要がある

① **親杭横矢板工法**

I形鋼，H形鋼などを親杭として1～2m間隔に打設し，掘削しつつ親杭の間に厚さ3cm以上の木製の横矢板を差込む。腹起し，切梁は木材，またはI形，L形，H形の鋼材を使用する。切梁は圧縮材として働くので，継手のないものを用いるのが原則である。座掘防止のため，腹起しとの接点は火打ち梁で補強し，切梁交差部や中間杭との接点はUボルトなどで締付け，座掘長を短くする。

② **鋼矢板工法**

鋼矢板U形が一般的に使用される。鋼管矢板は，軟弱地盤や大水深で大きな強度を必要とする場合に使用される。鋼矢板の打込みは打撃式，振動式，ジェット式，圧入式などがあるが，市街地では騒音，振動の問題から圧入式が用いられる。

③ **コンクリート地中連続壁工法**

この工法は，所定の深さまで溝または穴を掘って，その中に鉄筋コンクリートの壁体を築造するもので，掘削中の壁面崩壊防止のため，ベントナイト泥水などを使用する。

大別すると，柱と柱を組み合せた柱列杭式工法と，直接壁状のユニットを掘削し，連続させた地中連続壁工法がある。

3.4　施工計画書の作成

発注者は，請負者がどのような工程，方法，段取り，組織で施工するかを知るために，施工計画書を提出させることとしている。

(1)　工事計画書の記載項目

① 工事概要
② 計画工程表
③ 現場組織票
④ 安全管理
⑤ 指定機械
⑥ 主要資材
⑦ 施工方法（主要機械，仮設備計画，工事用地等を含む）
⑧ 施工管理計画
⑨ 緊急時の体制及び対応
⑩ 交通管理
⑪ 環境対策
⑫ 現場作業環境の整備
⑬ 再生資源の利用の促進と建設副産物の適正処理方法
⑭ その他

(2)　各項目の記載内容

① **工事概要**　工事名，工事場所，工期，請負金額，工事延長，主要工程を記載する。

② **計画工程表**　工事内容を把握できるよう工種に分類し，バーチャートやネットワークを作成する。

③ **現場組織表**　現場における組織編成，命令系統，業務分担，責任の範囲を記載する。

④　**安全管理**　　安全管理組織，主要な各工事段階における安全施工計画，工事区域における安全員および標識の配置，夜間工事などにおける照明計画，安全訓練及び安全衛生教育について記載する。

⑤　**指定機械**　　低騒音型建設機械，標準操作方式建設機械，排出ガス対策型建設機械など，設計図書で指定された機械の名称，規格，指定番号，台数などを記載する。

⑥　**主要資材**　　工事に使用する指定材料及び主要な資材の品名，規格，数量，材料試験方法及び必要に応じて製造または取扱会社名などを記載する。

⑦　**施工方法**　　主要工種ごとの施工順序，施工方法及び施工上の留意事項について，使用する機械や設備を含め，図等を活用して明確に記載する。

⑧　**施工管理計画**　　以下の項目について明確にする。

・　工程管理を何によって行うか，進捗状況のチェックを何日ごとに行うか。

・　品質管理を行う工種，試験方法，頻度，管理方法及び見本または資料などの提出を必要とするものがある場合は，これについても明確にする。

・　出来形管理を行う工種，測定位置，測定頻度。

・　写真によって管理する項目，撮影要領，撮影にあたっての留意事項。

⑨　**緊急時の体制及び対応**　　緊急時における業務体制を明らかにするとともに，警察，消防等の関係機関及び監督員等への連絡系統，連絡方法について，夜間・休日等を考慮して記載する。

⑩　**交通管理**　　以下の項目について明確にする。

・　交通安全対策（交通安全一般，交通整理などの配置計画）

・　交通切りまわし及び規制計画（工事の交通規制，規制月日，時間）

・　保安施設設置計画及び保守点検計画

・　現道補修，防塵処理などの時期，方法

・　主要機械の搬入計画（搬入日時，経路および長大物等の搬入方法）

⑪　**環境対策**　　騒音，振動，地盤沈下，水質汚濁，大気汚染といった生活環境への影響とともに，周辺の自然環境への配慮，資機材の運搬等に近接する地域の生活環境の保全など環境に対しての配慮について検討し，これらに対する措置を明確にする。

⑫　**現場環境の整備**　　工事従事者に対する快適な労働環境の創出や工事現場と地域の積極的なコミュニケーションを実現し，土木工事のイメージアップを図るとともに，魅力ある建設産業を構築するために，積極的に取り組む必要がある。

⑬　**再生資源の促進利用**　　建設副産物の発生の抑制，再利用の促進，適正処分を柱に「建設副産物適正処理推進要綱」が定められているので，請負者は，設計条件およびこの要綱を尊重し，これに対する取り組みを明確にする。

3.5　原価管理

原価管理では，**計画（Plan）**において実行予算を作り，実行予算と**実施原価（Do）**の差異を見出して**分析（Check）**し，分析結果に基づき計画修正などの**フィードバック（Act）**を行う。これにより原価を低減することが原価管理の目的である。

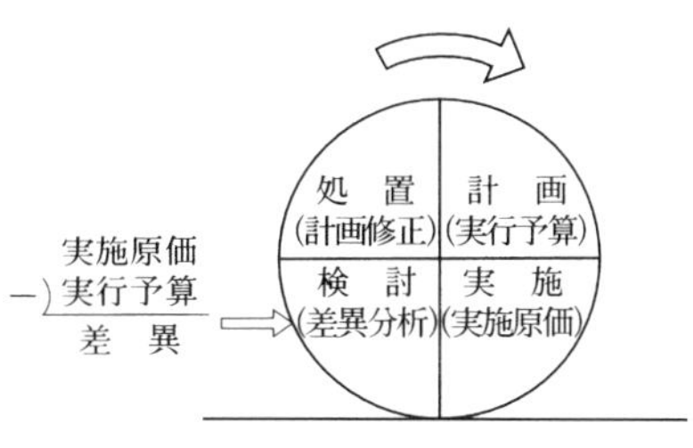

図21　原価管理のサイクル

(1)　原価管理の資料の整理

原価管理データは，原価の発生日，発生原価などを整理分類して，評価を加えて保存する。このとき，①工種別分類（現場），②要素別分類（本社経理）の２つの系統に分けて整理しておくと，以後の工種工事にデータとして役立つ。こうした資料は，設計図書と現場の不一致などにより生じる一時中断や，物価の変動により生じる損害を最小限に抑制することに役立つ。

(2)　原価の圧縮

① 原価の圧縮は，**原価比率が高い項目を優先**し，その中で低減の容易な項目から順次実施する。

② 損失費用項目を洗い出し，その項目を重点的に改善する。

③ 実行予算より実施原価が超過する傾向にあるものは，購入単価，運搬費用など高騰の原因となる要素を調査し，改善する。

(3)　工程と原価及び品質の関係

工程管理において，工程・原価・品質の一般的関係は図22のようになる。**工程と原価の関係**は，施工を早くして出来高が上がると，原価は安くなり，曲線は左から右下がりになるが，さらに施工を進めていくと**突貫工事**が必要となるため，ある点から逆に右上がりとなり，a 曲線のようになる。**品質と原価の関係**は，品質の良くないものは安くできるが，品質を良くすると原価も高くなり，b 曲線のようになる。

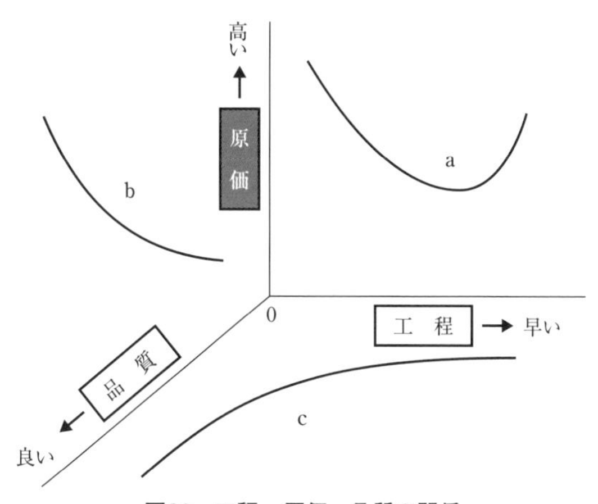

図22　工程・原価・品質の関係

また，**工程と品質の関係**は，品質の良いものを施工すれば，工程（施工速度）は遅くなり，品質を落とせば工程は速くなり，c 曲線となる。

4章 工程管理

工程管理とは，時間を基準として経済性，安全性を確保し，所要品質を作りあげることである。一般に，工程管理は施工管理の基準となるもので，安全管理，品質管理，原価管理も同時に含まれた総合的な管理手段である。

工程管理は図23に示すようなPDCAサイクルに基づき，次の手順で行う。

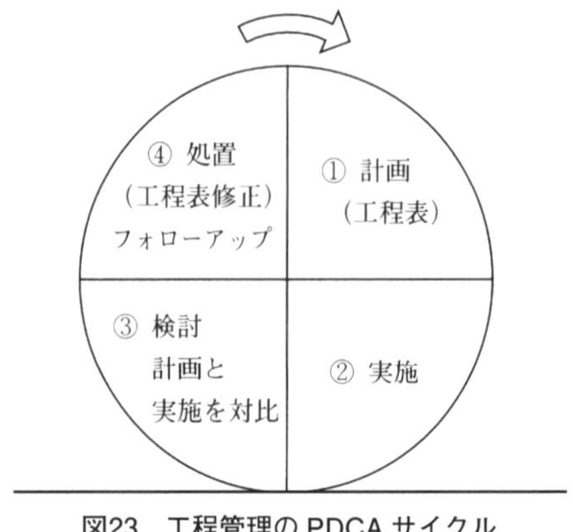

図23　工程管理のPDCAサイクル

① **計画（Plan）**　工程表を作成。

② **実施（Do）**　実施し実績を上げる。

③ **検討（Check）**　工程表の計画と実施の差異（遅れ）を算出。

④ **処置（Act）**　差異のあるとき，工程を短縮（フォローアップ）するために工程表を修正する。

この作業を繰り返し，常時工程管理を行う。

4.1　採算速度と経済速度

(1)　採算速度

施工計画の立案に際し，施工速度が問題になる。工事原価が施工量の変動に伴い変動するのは当然であるが，これらの工事総原価 y には，**施工量の増減による影響のない固定原価** F と，**施工量によって変動する変動原価** V_x がある。

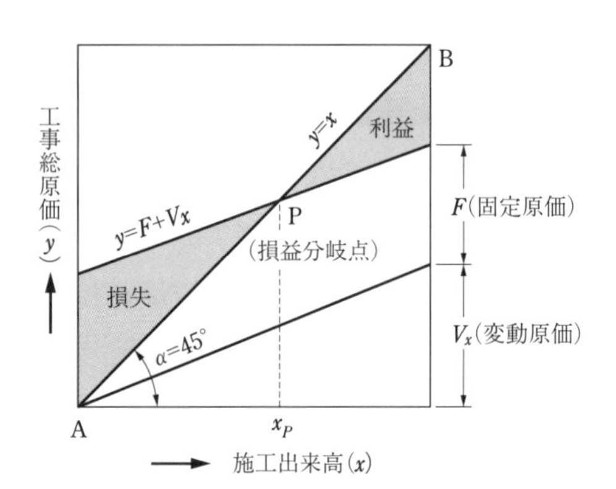

図24　施工出来高と工事総原価との関係図表（利益図表）

① **固定原価** F　コンクリート打設機械損料のように，１日の打設量の増減とは無関係に要する費用。

② **損益分岐点**　原価曲線 $y = F + V_x$ と $y = x$ との交点Pは損益分岐点と呼ばれ，収支が釣り合う。そのときの出来高を x_P とすれば，**出来高が** x_P **を超えれば利益**，未満のときは**損失**になる。

③ $y = x$ は，工事総原価 y と施工出来高 x とが常に等しいことを示す線である。$y = x$ の線上では収入と支出が等しく，黒字にも赤字にもならない。

採算がとれるように工事を進めるためには，この損益分岐点の施工出来高 x_P を超える施工出来高をあげなければならない。x_P を超える施工出来高をあげるときの施工速度を**採算速度**という。

(2)　経済速度

工程の計画および管理にとって重要なことは工程速度である。一般に施工を速めて出来高を上げると，単位当りの原価は安くなるが，施工をさらに速めて**突貫作業**をすると，逆に単位当りの**原価は高くなる**。

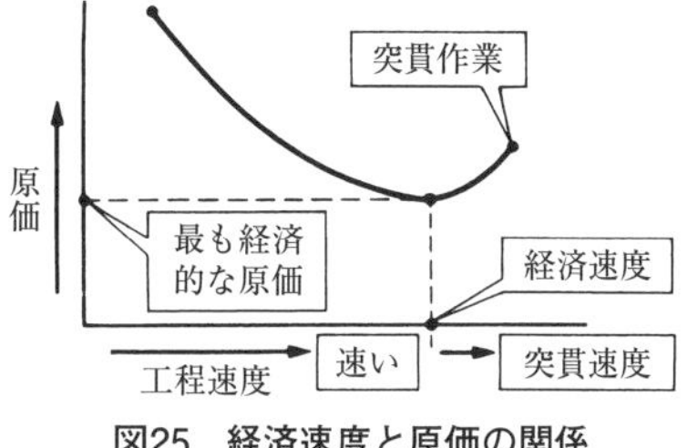

図25　経済速度と原価の関係

単位当りの**原価が最も安くなる工程速度**を**経済速度**という。経済速度より速い速度で作業することを突貫作業という。また経済速度より遅い工程でも，固定原価が高くなり，不経済である。

4.2　工程表

工程表は，時間を基軸に，平均施工速度を基本として工事の進捗を表示したものである。作業の流れや手順を示したり，時間ごとの出来高を確認するために用いられる。工程表の工程を管理することで，工事の無駄を除き，経済的な効果をあげられる。

工程表は，**各作業用と全体出来高用に分類**される。

工事管理には，工事規模により各作業用工程表と全体出来高用工程表とを１種ずつ組合せ，２枚１組として用いるのがよい。

表24 各種工程表の長所・短所

工程表			表示	長所	短所
各作業用管理	横線式工程表	ガントチャート	作業名 A ▽80 0 100% B ▽30 0 100% 完成率	・進捗状況明確 ・表が作成容易	・工期不明 ・重点管理作業不明 ・作業の相互関係不明
		バーチャート	作業名 A B 7日 10日 工期	・工期明確 ・表が作成容易 ・所要日数明確	・重点管理作業不明 ・作業の相互関係がわかりにくい
	座標式工程表	グラフ式工程表	出来高 A B C 工期	・工期明確 ・表が作成容易 ・所要日数明確	・重点管理作業不明 ・作業の相互関係がわかりにくい
		斜線式工程表	工期 B C A 距離	・工期明確 ・表が作成容易 ・所要日数明確	・重点管理作業不明 ・作業の相互関係がわからない
	ネットワーク式工程表	ネットワーク	A 3 ① ② B 2 ③ C 2 ④ 作業・工期	・工期明確 ・重点管理作業明確 ・作業の相互関係明確 ・複雑な工事も管理	・一目では全体の出来高が不明
全体出来高用管理	曲線式工程表	出来高累計曲線	出来高 Sカーブ 工期	・出来高専用管理 ・工程速度の良否の判断ができる	・出来高の良否以外は不明
		工程管理曲線（バナナ曲線）	出来高 工期	・管理の限界明確 ・出来高専用曲線	・出来高の管理以外は不明

5章 品質管理

5.1　盛土の品質管理

(1)　土の締固め試験

土の締固め試験を行い，施工管理に用いる締固め度の管理基準値となる**最大乾燥密度** ρ_{dmax} と**最適含水比** w_{opt} を求める。

試験は，土の含水比を変えて乾燥密度 ρ_{d} を求め，土の含水比と乾燥密度の関係を表す土の締固め曲線のグラフを描き，最大乾燥密度と最適含水比を求める。

含水比 w（%）のときの土の湿潤密度 ρ_{t} と乾燥密度 ρ_{d} の関係は，次式のようになる。

$$\rho_{\mathrm{d}} = \frac{\rho_{\mathrm{t}}}{1 + (w/100)}$$

盛土の締固めを行う場合に最も多く用いられる締固め度は，次式によって求められる。

$$締固め度 = \frac{現場における締固め後の乾燥密度\ \rho_{\mathrm{d}}}{基準となる室内締固め試験における最大乾燥密度\ \rho_{\mathrm{dmax}}} \times 100\ (\%)$$

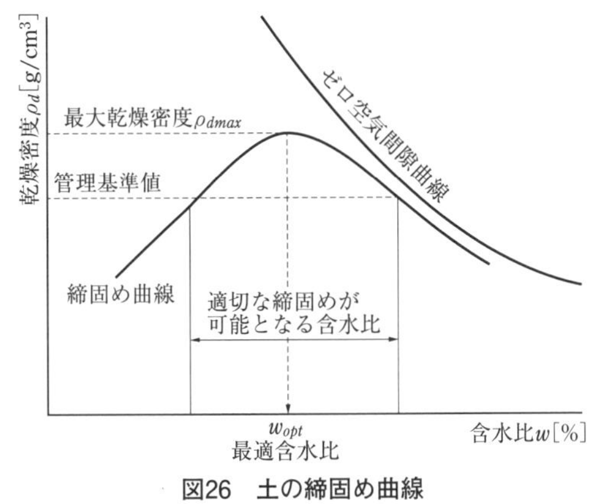

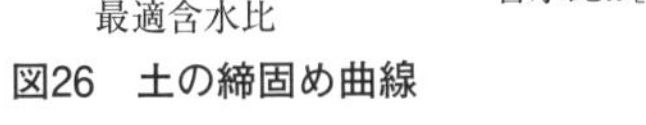
図26　土の締固め曲線

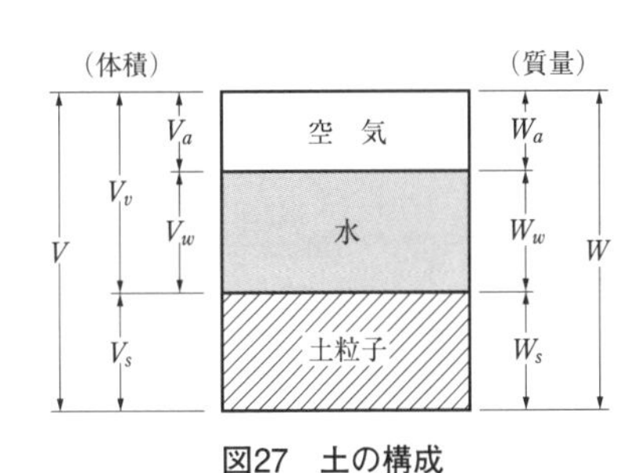

図27　土の構成

(2)　盛土材料の品質条件

① トラフィカビリティ（走行性）がよく，施工性のよいこと。

② せん断強さがあり，圧縮性が小さく，浸食に対して強いこと。

③ 木の根，草など有機物を含まないこと。

④ 堤防には，透水性が低く，支持力がある材料を用いる。

(3)　盛土の敷均し，締固めの留意事項

① 直径30 cm 以上の岩塊は，路体の底部に入れて均一の敷均しを行う。

② 粘性土には，軽い転圧機械，振動コンパクタやランマ，タンパなどを用いる。

③ 走行路は，こね返しを避けて，1箇所に固定しない。

④　施工中の雨水のため排水勾配をつける。

⑤　１層の敷均し厚さは，締固め厚さが30cm 以下となるように行う。

⑥　余盛は天端だけでなく，小段，のり面にも行う。

⑦　締固めは，最適含水比またはやや湿潤側で行う。

(4)　構造物と隣接する盛土施工の留意点

①　裏込め材料は，透水性がよく，圧縮性の小さいものを用いる。

②　締固めには小型のタンパ，振動コンパクタ，ランマなどを用いる。

③　構造物に偏圧（片側だけに圧力をかけること）を与えないように，左右対称に締固める。

④　施工に先立ち排水溝を設けておく。

(5)　傾斜地盤における盛土の留意点

①　切土と盛土の境界に地下排水溝（暗渠）を設け，山側からの浸透水を排除する。

②　地下排水溝は，切土のり面に近い山側の位置に設ける。

③　勾配が１：４より急なときは段切を設ける。段切は幅１m，高さ50 cm 以上とし，段切面は４～５％の排水勾配をつける。

④　切土と盛土の境界でなじみをよくするため，切土面上に良質土で勾配１：４すりつけを行う。

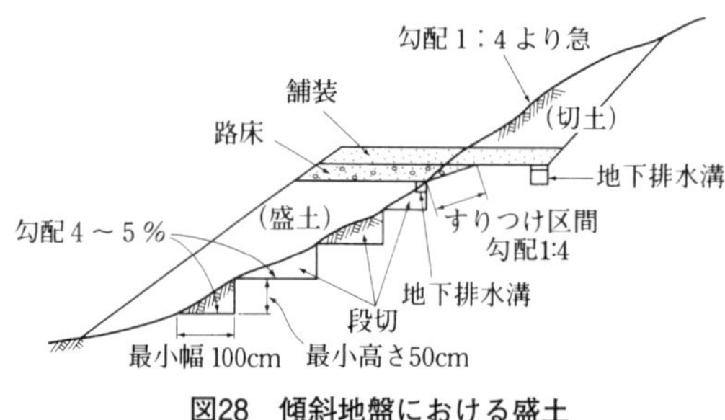

図28　傾斜地盤における盛土

(6)　盛土施工における管理事項と品質特性およびその試験方法

表25　品質特性と試験名

管理事項	品質特性	試験名
材料の物理的性質	① 粒度 ② 液性限界 ③ 塑性限界 ④ 自然含水比	粒度試験 液性限界試験 塑性限界試験 含水比試験
締固めの力学的性質	①最大乾燥密度 ②最適含水比 ③締固め度	突固めによる締固め試験 〃 現場密度試験〈砂置換法，RI 法〉
盛土の支持力	①貫入指数 ②水浸 CBR ③支持力係数	各種貫入試験 CBR 試験 平板載荷試験

(7)　土の締固め管理方式（第１章 土工１，２と合わせて学習する。）

土の締固め管理の方式としては，材料の締固め品質を仕様書に明示して，締固め方法を請負者にゆだねる**品質規定方式**と，発注者が仕様書に機械の種類と走行回数で締固めを規定する**工法規定方式**がある。

① **品質規定方式**　盛土に必要な品質の基準は仕様書で明示されるが，**施工法は施工者の選択**にゆだねられる。

1）**強度規定**：岩塊，玉石，礫，砂質土など，含水比による強度の変化がない盛土地盤に用いる。締固め後，コーン指数 qc，地盤反力係数 K，CBR 値などを測定し，締固め程度を判断する。

2）**変形量規定**：締固めた盛土上に，あらかじめ定められたタイヤローラを走行させ（プルーフローリング試験），変形量を測定し，変形量が規定以下であることを確認する。

3）**乾燥密度規定**：一般的な盛土材料を用いる場合，突固めによる土の締固め試験を行って，最大乾燥密度 ρ_{dmax} と最適含水比 w_{opt} を求め，施工含水比の範囲で盛土を施工する。

施工後 $\rho_d / \rho_{dmax} \times 100$（%）を計算し，規定値以上であることを確認する。

4）**飽和度規定（空気間隙率規定）**：乾燥密度による基準で定めにくい高含水比の粘性土に用いられ，土粒子の密度試験を行い，飽和度 S_r または空気間隙率 Va を求める。この規定は，湿潤側から乾燥させて求めた最大乾燥密度と乾燥側から湿潤させて求めた最大乾燥密度が同じ値とならない，高含水比の粘性土の場合に適用する。

② **工法規定方式**　敷均し厚さや，ローラの重量および走行回数を変えて施工試験を行い，まき出し厚さ，走行回数，ローラ重量等の施工仕様を設定しその仕様に基づき，

施工管理を行う方法である。

土の含水比にまったく影響されない岩塊(岩繋を砕いて直径30 cm 程度にしたもの),玉石(天然石で丸味のある直径14～18 cm のもの)などの盛土材料の締固めに適用され,**発注者の仕様書に施工方法が示されている。**

施工管理では,ローラの走行軌跡をTSやGNSSにより自動追跡する締固め管理技術を使用することもある。

5.2 コンクリートの品質管理

(1) コンクリートの運搬時間

普通コンクリート,**軽量コンクリート**(アジテータ運搬)は,練り始めてから荷卸しまで**1.5時間以内**とする。**舗装コンクリート**(ダンプ運搬)は,練り始めてから荷卸しまで1時間以内とする。

(2) レディーミクストコンクリートの品質管理

レディーミクストコンクリートの品質は,荷卸し地点において,**スランプ**,**空気量**,**強度**,**塩化物含有量**について以下のように規定されている。

表26 スランプ値と許容差

スランプ値〔cm〕	許容差〔cm〕
2.5	±1
5および6.5	±1.5
8以上18以下	±2.5
21	±1.5

① **スランプ値**と**受入れ許容差**は,表26のとおりである。

② **強度**　試験は3回行い,3回のうち**どの1回の試験結果も**,**指定呼び強度の85%以上**を確保し,かつ,**3回の試験結果の平均値**は,**指定呼び強度以上**でなければならない。

なお,1回の試験結果は,任意の1運搬車から作った3個の供試体の試験値の平均で表す。

表27 コンクリートの空気量

コンクリート	空気量〔%〕	許容差〔%〕
普通コンクリート	4.5	±1.5
軽量コンクリート	5.0	
舗装コンクリート	4.5	
高強度コンクリート	4.5	

③ **空気量検査**　空気量の受入れの**許容差**は,コンクリートの種類,指定値にかかわらず**±1.5%**である。

④ **塩化物含有量**　塩化物含有量は,塩化物イオン(Cl^-)量とし,塩化物含有量試験で定め,許容上限は,鉄筋コンクリートでは**0.3 kg/m³以下**である。

塩化物含有量だけが,工場で検査することが認められている。

(3) コンクリートのひび割れ対策

コンクリートのひび割れには,コンクリートを打設した後の初期の段階での水和熱による温度ひび割れ,コンクリートの沈下が鉄筋や埋設物に拘束されることなどにより発生する沈みひび割れ,乾燥収縮によるひび割れ,ブリーデイングやコールドジョイントなどにより発生するひび割れなどがある。

長期的には，塩害，中性化，アルカリ骨材反応，凍害，化学的腐食などによりコンクリートが劣化し，各種のひび割れが発生する。ひび割れの原因と対策を示すと，表28のとおりである。

表28　コンクリートのひび割れの原因と対策

ひび割れ名称	原因	対策
水和熱による温度ひび割れ	セメントの水和作用に伴う発熱によってコンクリート温度が上昇し，その後放熱によって降下する過程において， ①　コンクリート表面と内部の温度差による拘束（内部拘束）が生じる。 ②　収縮が，地盤や既設コンクリートによって拘束（外部拘束）を受け，部材に温度応力が発生する。この応力が，コンクリートの引張強度より大きくなるとひび割れが発生する。	①　中庸熱ポルトランドセメントや低熱ポルトランドセメントなどの，低発熱セメントを用いる。 ②　単位セメント量を低減する。方法としては，粗骨材の最大寸法を大きくする。あるいは高性能減水剤，流動化剤を使用して単位水量を低減し，単位セメント量を減じる。 ③　コンクリートの表面を覆い，急激な温度変化を避ける。プレクーリング，パイプクーリングなどでコンクリートの温度低下を行う。
沈みひび割れ	コンクリートの沈みと凝固が同時進行する過程で沈み変位が鉄筋などで拘束され，発生する。	①　発生した場合は，タンピングや再振動で処置を行う。発生後，時間をおかずに処置することが重要である。 ②　単位水量を少ない配合とする。 ③　水セメント比を小さくする。
乾燥収縮ひび割れ	コンクリートの表面が乾燥収縮してひび割れる。 単位水量が多い，表面養生不足，型枠の取外しが早すぎる。	①　単位水量を少なくする。 ②　湿潤養生を５日以上行う。 ③　型枠をできるだけ長く存置する。 ④　風，日光，急激な温度変化を避ける。
ブリーディングによるひび割れ	ブリーディングが大きいコンクリートは，ブリーディング水がコンクリート上面に浮き出てきて溜まるだけでなく，粗骨材の底部にもブリーディング水が溜まり，この部分が空隙となり，沈下によりひび割れが発生する。	締固めを十分行い，空気等が侵入しにくい密実なコンクリートにする。そのためには，水セメント比が小さく，単位水量の小さいコンクリートを用いて，ブリーディングを少なくする。
プラスチックひび割れ	打込み直後の，まだプラスチック（可塑）な状態での急激な水分蒸発により発生する，比較的細かく，浅い，不規則なひび割れのこと。	表面仕上げの後に，素早く湿潤養生を十分に行う。また，防風対策，直射日光対策を行う。

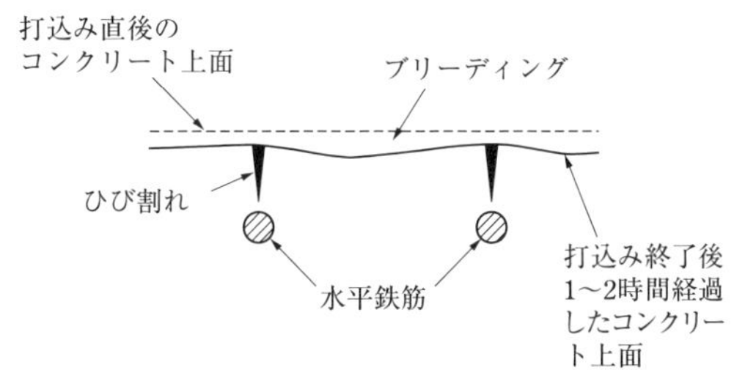

図29　コンクリートの沈みひび割れ例

基礎知識

コンクリートの劣化には複数の原因があるが，その劣化機構と対策について表29に示す。

表29　コンクリートの劣化原因と対策

劣化の項目	劣化機構	対策等
中性化	空気中の二酸化炭素の作用で，セメントの水和によって生じた水酸化カルシウムが炭酸カルシウムになり，コンクリート中のアルカリ性が低下し，中性化していく。中性化が鉄筋位置に達すると鋼材腐食が始まり，鉄筋軸方向にひび割れが発生する。湿潤状態より乾燥状態のほうが，影響が大きい。	普通ポルトランドセメントを用いてコンクリートの水セメント比を50％以下とし，構造物に応じた最小のかぶりを満足させる（例：柱45 mm，はり40 mm，橋脚55 mm）。 中性化深さは供用年数の平方根に比例する。 鉄筋を使用しない無筋コンクリートは性能に影響ない。混合セメントは，中性化速度が大きくなる場合がある。
塩化物イオンの侵入（塩害）	コンクリート中の塩化物イオンにより鋼材が腐食し，膨張することで，かぶり不足の箇所などでひび割れが発生する。	高炉セメントなどの混合セメントを使用する。水セメント比を小さくして密実なコンクリートとする。かぶりを大きくする。エポキシ樹脂鉄筋を使用する。表面被覆や電気防食を行う。
凍結・融解	初期凍害とは硬化前のコンクリートが氷点下にさらされて凍結，膨張し，ひび割れること。 凍害は，硬化後に凍結・融解を繰り返して，ひび割れなどを起こすこと。 初期凍害を受けたコンクリートは，その後養生しても強度・水密性等は回復しない。	コンクリート打設時の外気温度が4℃以下の場合は，寒中コンクリートとして凍結対策を行う。密実なコンクリートとする。 骨材や練り混ぜ水の加温，強度が5 N/mm²になるまで5℃以上を保つ。養生終了後2日間は0℃以上を保つ。凍結・融解に抵抗性が高いAEコンクリートとする。
化学的侵食	温泉水や化学工場の排水など強酸，強アルカリの水などによる侵食で，変色，コンクリートのはく離，骨材露出などが生じる。	コンクリート供試体による暴露試験などで確認する。劣化環境に応じて水セメント比を所定の値以下にする（硫酸塩を含む土や水に接するところは50％以下）。コンクリートの表面被覆，かぶりを大きくする。密実なコンクリートとする。
アルカリ骨材反応	骨材のシリカ分とセメントなどのアルカリ性の水分が反応してできた生成物が吸水膨張することで，コンクリートに拘束方向，亀甲状のひび割れ，ゲル，変色を発生させる。	アルカリシリカ反応試験（化学法，モルタルバー法）で区分A「無害」の骨材を使う。高炉セメント，フライアッシュセメントを使う。 区分Bを使用するときは所定の抑制対策を行う。
火災	500℃以上の火熱を受ける。	強度が低下する。弾性係数は半減する。

(4)　コンクリート構造物の非破壊検査

表30　非破壊検査法

検査項目	検査法	利用原理
強度，弾性係数	反発硬度法（テストハンマ法） 超音波法，衝撃弾性波法，打音法，共鳴振動法，引抜法	反発度 弾性波
材料劣化	超音波法，AE 法	弾性波
ひび割れ	超音波法，AE 法 赤外線法（サーモグラフィ法），X 線法	弾性波 電磁波
空隙，はく離	超音波法，衝撃弾性波法，打音法 サーモグラフィ法，電磁波レーダ法，X 線法	弾性波 電磁波
鉄筋腐食	自然電位法，分極抵抗法 X 線法	電位の差 電磁波
鉄筋探査(かぶり，鉄筋位置，径)	電磁誘導法 電磁波レーダ法	電磁誘導 電磁波

非破壊検査法のおもなものをあげると，次のようなものがある。

① **反発硬度法**：バネまたは振り子の力を利用したテストハンマでコンクリート表面を打撃し，反発の程度から硬度を測定し，コンクリート強度を推定する。

② **打音法**：ハンマなどの打撃によりコンクリート内部に弾性波を発生させ，その音を受信し，はく離，ひび割れ，空洞などを調べる。

③ **赤外線法**：コンクリート表面から放射される赤外線を放射温度計で測定し，その強さの分布を映像化する。ひび割れ，空隙，はく離があれば熱伝導率が異なる。

④ **X 線法**：X 線で透過像を撮影する。鉄筋の位置，径，かぶり，コンクリートの空隙など，コンクリート内部の変状状態がほぼ原寸大でわかる。厚さ400 mm 程度までが一般的利用範囲である。

⑤ **電磁誘導法**：コイルに交流電流を流し，交番磁界を発生させ，コンクリート中に渦電流を発生させて磁性体である鉄筋を検知する。コンクリート中の鉄筋の平面的な位置，径，かぶりを検知する。鉄筋が密になると測定が難しい。

⑥ **電磁波レーダ法**：コンクリート構造物の鉄筋，鉄骨，埋設管等の埋設物の平面位置，深さ位置を簡便に短時間で調査できる。

⑦ **自然電位法**：鉄筋が腐食しているときは，鉄イオンが周辺コンクリート中に溶け出ていく酸化反応が生じている。腐食箇所では鉄原子が電子を失い，電位は卑側（－）に変化するので，これを検出して鉄筋の腐食の進行程度を判定する。

⑧ **分極抵抗法**：電極と鉄筋との間に微少な電流を流し，電流と電位変化を制御・測定し，得られたデータから分極抵抗を計算で求め，鉄筋の腐食速度を推定する。まだ十分に確立されていないが，定量的な鉄筋の腐食推定法である。

5.3　鉄筋の加工・組立ての品質管理

鉄筋は，鉄筋コンクリート構造の引張力を分担し，圧縮力をコンクリートが分担する。したがって，鉄筋は引張力を受ける側に入れる。梁構造と柱構造の鉄筋の名称を図30，図31に示す。

鉄筋には，表面に凹凸を有する異径棒鋼（D16等と表記）と凹凸をもたない丸鋼（φ16等と表記）とがある。

(1)　鉄筋の加工

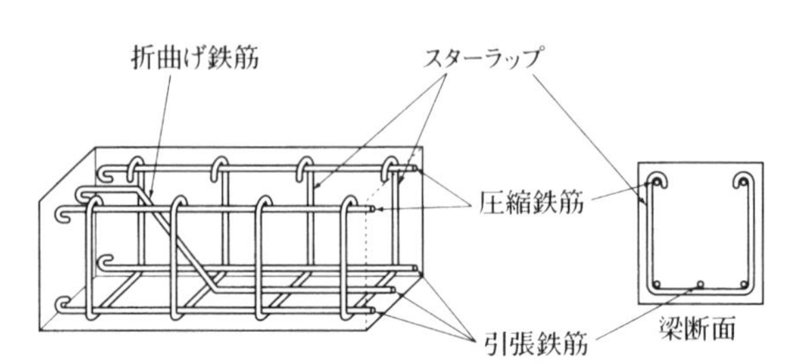

図30　中央断面より左側の梁の配筋

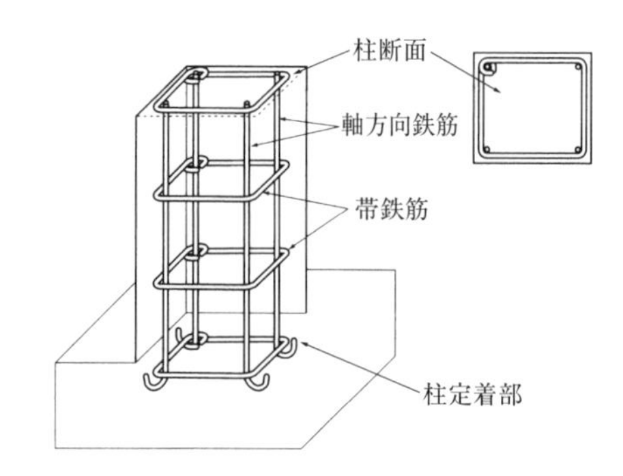

図31　柱の鉄筋

①　**鉄筋は必ず常温加工**とし，曲げ戻して加工してはならない。

②　フックの加工

・　半円形フックの定着長　4φ以上，60 mm 以上

・　鋭角フックの定着長　6φ以上　60 mm 以上

・　直角フックの定着長　12φ以上

③　折り曲げ鉄筋とラーメン鉄筋の曲げ半径は，各々5φまたは10φ以上の内半径とする。

④　**鉄筋の曲げ加工は，溶接箇所から10φ以上離れた位置で行う。**

(2)　鉄筋の加工および組立の許容誤差

①　スターラップ，帯鉄筋の a，b の許容誤差 ±5 mm

②　その他鉄筋（φ28，D25以下）の *a*，*b* の許容誤差 ±15 mm

③　その他鉄筋（φ32，D32以下）の *a*，*b* の許容誤差 ±20 mm

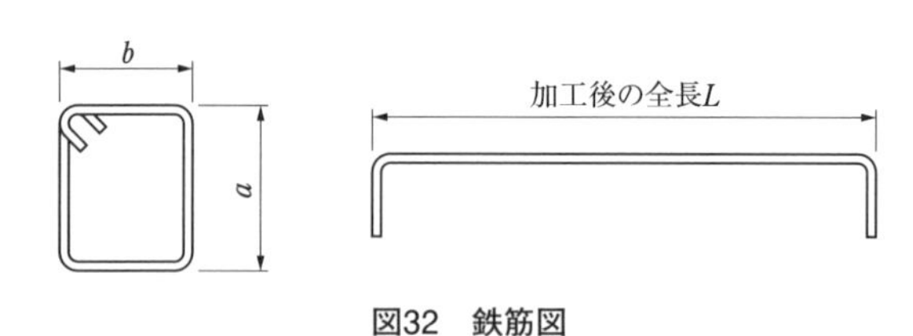

図32　鉄筋図

④　**鉄筋加工後の全長Lの許容誤差±20 mm**

⑤　組み立てた鉄筋の中心間隔の許容誤差 ±20 mm

⑥　組み立てた鉄筋の有効高さの許容誤差　設計寸法の ±3 % または ±30 mm の小さい方

(3)　鉄筋の継手

①　**鉄筋の重ね継手**　20φ以上重ねて，焼なまし鉄線で数箇所緊結する。

②　ガス圧接は有資格者による。

③　圧接は，鉄筋径の1～1.5倍の縮み代を見込み，ふくらみは1.4倍以上とする。

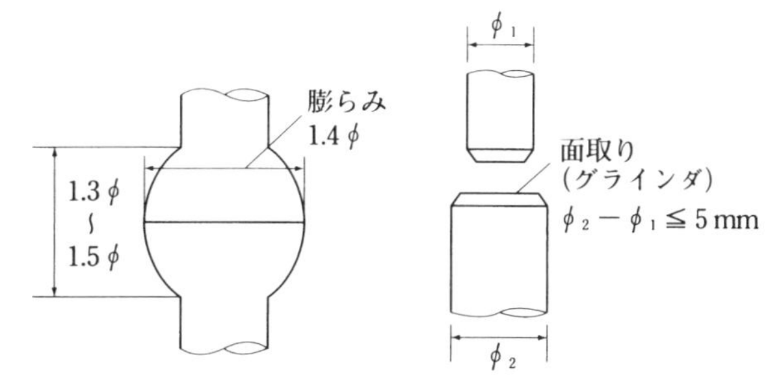

図33　鉄筋の圧接部と鉄筋の圧接断面

④　**圧接面**はグラインダをかけ，面取りする。溶接当日に行う。

⑤　圧接は，直径の差が5mmを超えるものには用いない。

⑥　圧接部の鉄筋中心軸の偏心量は，鉄筋径（細い方の鉄筋）の1/5以下とする。

⑦　圧接面のふくらみの頂部からの圧接面のずれは，鉄筋径（細い方の鉄筋）の1/4以下とする。

⑧　圧接後は，目視による全数と抜取による超音波探傷法により検査を行う。

(4)　鉄筋の組立

①　鉄筋の組立では，設計図に示された鉄筋のみでは組立てられないとき，必要に応じて補助鉄筋（組立鉄筋）を用いる。

②　**繰返し荷重を受ける部材**で，鉄筋の要所となる交点の連結に溶接を用いてはならない。焼鈍鉄線またはクリップを用いる。

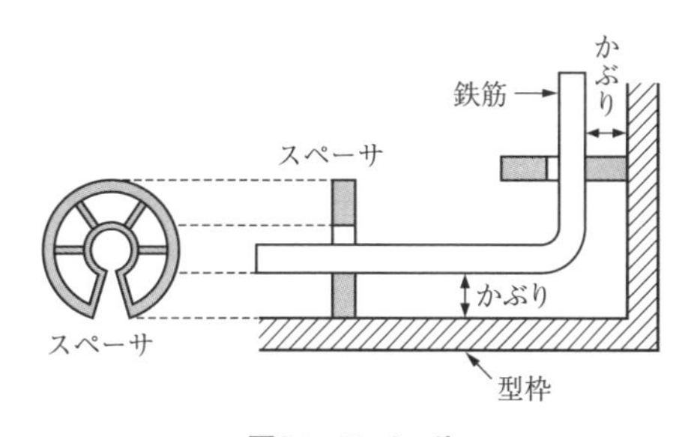

図34　スペーサ

③　**型枠に接するスペーサ**は，モルタルまたはコンクリート製とする。

④　プラスチック製スペーサは型枠に接しない場所に用い，鋼製スペーサは腐食環境の厳しい場所や，型枠に接する場所に用いてはならない。

⑤　かぶりは鉄筋を保護するために設け，一般環境，腐食環境，厳しい腐食環境の3区分で表31のように規定され，また設計基準強度に応じて割り増しする。

表31　鉄筋のかぶり C_0

	梁	柱
一　般　環　境	3.0	3.5
腐　食　環　境	5.0	6.0
厳しい腐食環境	6.0	7.0

単位：cm

(5)　鉄筋の配置

①　**鉄筋の継手位置**は，できるだけ応力の大きい断面を避け，同一断面に集めないことを原則とする。継手を同一断面に集めないため，継手位置を軸方向にずらす距離は，継手の長さに鉄筋直径の25倍を加えた長さ以上を標準とする。

②　**鉄筋相互のあき**　　鉄筋径と粗骨材の最大寸法で，図35のようになる。粗骨材の最

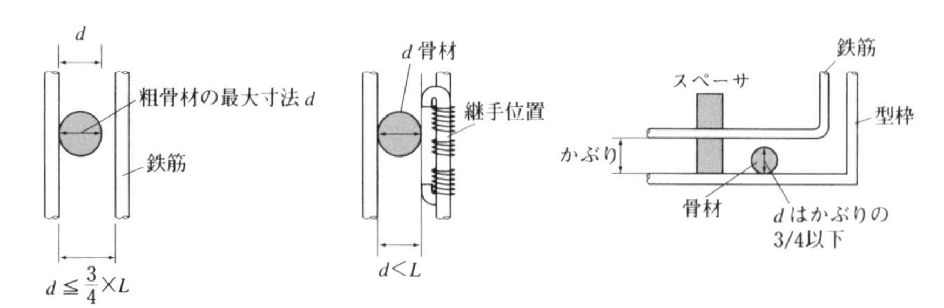

図35 最大粗骨材寸法 d とあき

大寸法は，最小部材寸法の1/5以下で，鉄筋相互のあきおよびかぶりの3/4以下とし，継手位置における粗骨材の最大寸法は，鉄筋のあき以下とする。

③ **部材の鉄筋相互のあき**

・ 梁は2cm以上，鉄筋径 ϕ 以上，粗骨材最大寸法 d の4/3以上

・ 柱は4cm以上，鉄筋径1.5 ϕ 以上，粗骨材最大寸法 d の4/3以上

5.4 品質管理

品質管理とは，最終工程における検品に頼るのではなく，すべての工程（プロセス）においてそれぞれの役割や要件，目的・目標，有効性などを明確にし，工程間の相互関係を的確に把握して，不良品やミスの発生を少なくするという活動である。

(1) PDCAサイクル

品質管理の目的を達成させるため，計画（Plan），実施（Do），検討・評価（Check），処置・改善（Act）のプロセスを順に実施する。

最後のActではCheckの結果から，最初のPlanの内容を継続（定着）・修正・破棄のいずれかに決定して，次回のPlanに結び付ける。PDCAサイクルは，このプロセスをらせん状に繰り返すことによって，品質の維持・向上および継続的な業務改善活動を推進するマネジメント手法である。

(2) 品質管理の手順

① 品質管理のための**品質特性，品質標準**を決定する。

② 品質標準達成のための作業の方法，すなわち作業標準を決める。

③ **作業標準**の周知徹底のための教育・訓練を行う。

④ 作業標準に従って仕事を実施し，**データを採取**する。

⑤ 作業が計画どおり行われているかどうかを**検討**（チェック）する。

チェックには，作業過程と作業結果からの品質特性の測定値を，ヒストグラムなど統計的管理図表を用いて行う方法がある。

⑥ チェックの結果に基づき**改善・処置**（Act）を行う。チェックの結果，異常があるときは，その原因を追求し，除去するか改善して再発防止の処置をする。図36は，こ

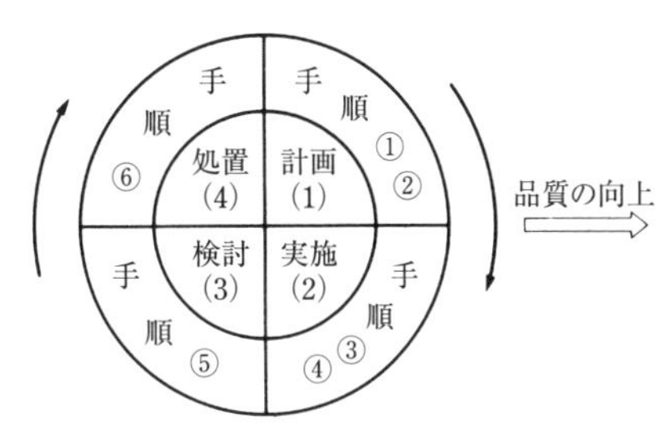

図36　品質管理のサイクル

れらの手順と管理のサイクルとの関係を示すものである

(3)　品質特性

工事における品質管理をするためには，設計図書に記載されている工事目的物に要求される品質の規格を把握し，それを満足させるために管理すべき品質特性（管理項目）を選定する。

品質特性とは，製品やサービスの品質を構成する要素のことである。

品質特性の選定は，工事目的物の出来上がりを左右する事項のため，その決定は以下の点に留意して行う。

①　**工程（作業）の状態を総合的に表すものであること。**

②　**最終の品質に重要な影響を及ぼすもの**，出来上がりを左右するようなものであること。

③　**早期に結果の出るもの。**

④　測定しやすいもの。

⑤　工程に対して処置が容易にできるもの。

⑥　真の特性のかわりに代用特性や工程要因を用いる場合は，真の特性との関係が明確であること。

6章 安全管理

6.1　移動式クレーンの安全対策

(1)　配置・据付け

① 移動式クレーンの作業範囲内に障害物がないことを確認する。

② 移動式クレーンを水平に設置し，アウトリガーは**最大限張り出す**。ただし，最大限張り出すことができない場合にあって，移動式クレーンに掛ける荷重が，当該アウトリガーの張出し幅に応じた定格荷重を下回ることが確実に見込まれるときは，この限りでない。

③ クレーンの設置地盤の状態を確認する。支持力不足，地下埋設物がありその損傷などで転倒のおそれがある場合は，地盤改良，鉄板等により補強する。

④ 荷重表で吊り上げ能力を確認し，吊り上げ荷重，旋回範囲の制限を厳守する。

(2)　誘導・合図

① 合図者は1人とし，打ち合わせた合図で明確に行う。

② **合図者**は，吊り荷がよく見え，オペレータからもよく見える位置で，かつ，**作業範囲外に位置して**合図を行う。

③ 荷を吊る際は，吊り荷の端部に介錯ロープを取り付け，かつ，合図者は安全な位置で誘導する。

(3)　移動式クレーンの作業

① 強風のため危険が予想されるときは，**作業を中止する**。

② 移動式クレーンにその**定格荷重を超える荷重をかけて使用しない**。

③ 移動式クレーン明細書に記載されているジブの傾斜角の範囲を超えて使用しない。

④ 荷を吊り上げる場合は，**必ずフックが吊り荷の重心の真上に**くるようにする。

⑤ 移動式クレーンで荷を吊り上げた際，ブーム等のたわみにより，吊り荷が外周方向に移動する現象を理解したうえで，**フックの位置**は，たわみを考慮して**作業半径の少し内側**にする。

⑥ 荷を吊り上げる場合は，必ず地面からわずかに荷が浮いた（地切り）状態で停止し，機体の安定，吊り荷の重心，玉掛けの状態を確認する。

⑦ **オペレータ**は，**荷を吊り上げたままで運転席を離れない**。

⑧ ブームを旋回させる場合は，旋回半径内に作業員や障害物のないことを確認する。

⑨ 移動式クレーンにより作業員を運搬し，または作業員を吊り上げて作業をさせてはならない。

(4)　玉掛け作業

① **玉掛け用ワイヤロープ**は，安全係数の値が６以上のものを使用する。

② ワイヤーロープ１よりの間において，**素線の数の10%以上の素線が破断している**ものは使用できない。

③ **直径の減少が公称径の７%以下**のワイヤーロープを使用する。

④ キンクしていないワイヤーロープを使用する。

⑤ 著しい形くずれおよび腐食がないワイヤーロープを使用する。

⑥ 吊り上げ荷重が１t以上の移動式クレーンの玉掛け作業には，玉掛け技能講習を修了した者が，吊り上げ荷重が１t未満の移動式クレーンの玉掛け作業には，玉掛け技能講習を修了した者または特別教育修了者が就く。

6.2　明かり掘削の安全対策

(1)　掘削面の勾配

① 手掘り掘削の場合，地山の地質により，のり面勾配と掘削面の高さが表32のように制限されている。

② **手掘り作業**において，すかし掘りは絶対にしてはならない。

表32　掘削制限

地　　山	掘削面の高さ	勾配	備考
岩盤または固い粘土からなる地山	5 m 未満 5 m 以上	90° 以下 75° 以下	2m以上 掘削面の高さ 勾配
その他の地山	2 m 未満 2 ～ 5 m 未満 5 m 以上	90° 以下 75° 以下 60° 以下	
砂からなる地山	5 m 未満または35° 以下		掘削面とは，2 m 以上の水平段に区切られるそれぞれの掘削面をいう
発破などにより崩壊しやすい状態の地山	2 m 未満または45° 以下		

(2)　作業点検

その日の作業を開始する前，**大雨および中震以上の地震の後，発破を行った後には**，浮石や亀裂の有無などの状態を**点検**する。

(3)　埋設物近接作業

① 埋設物を損傷する恐れがある場合は，掘削機械などの建設機械を使用してはならない。

② 明かり掘削の作業により露出したガス導管の損壊により労働者に危険を及ぼす恐れのあるときは，吊り防護や受け防護などによる当該ガス導管の防護を行う。

6.3 足場作業の安全対策

(1) 届出を必要とする「枠組足場」

① **高さが2m以上の箇所**で作業を行う場合で，作業員が墜落する恐れのあるときは，足場を組み立てるなどの方法により**作業床を設ける**必要がある。作業床を設けることが困難なときは，防網を張り労働者に**墜落制止用器具**等を使用させる。

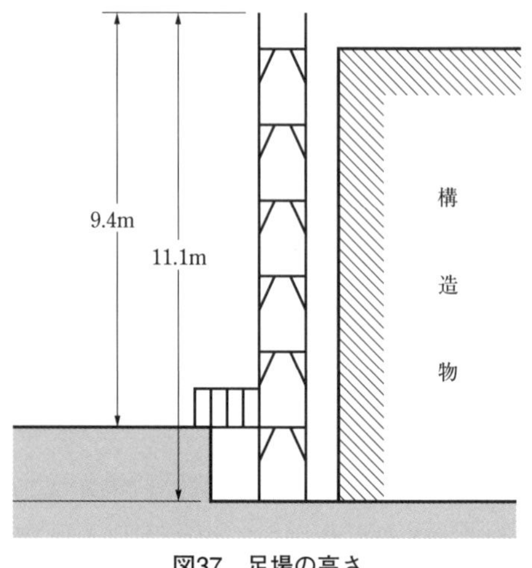

図37 足場の高さ

② **足場の高さが10m以上で，かつ，組立開始から解体までの期間が60日以上のもの**を設置し，移転し，またはこれらの主要構造部を変更するときは，所轄労働基準監督署長に，足場の計画概要（工程表，足場の部材明細書），足場の種類と構造，組立図および配置図，計画参画者の資格および経歴の証明などを提出しなければならない。

③ 足場の高さとは，図37に示す地上よりの高さ9.4mでなく，足場設置の最下端より最上段の水平材，一般的には手すり上端までの高さ11.1mである。また，足場の高さが一律でない場合，最も高くなる高さが対象になる。

(2) 組立て，解体の留意事項

① 作業内容，手順を，**全作業員に周知**させる。

② 作業区域内は，**関係者以外立入り禁止**とする。

③ **強風・大雨・大雪**などの悪天候のため，作業実施上危険が予想されるときは，**作業を中止**する。

④ 足場材の緊結，取はずし，受渡しなどの作業には，幅20cm以上の足場板を設け，作業員には墜落制止用器具その他命綱を使用させる。

⑤ 材料，工具などの上げ下げには，**つり綱・つり袋を使用**する。

(3) 足場の点検

足場上で作業する場合，次の事項に当てはまるときは**作業を開始する前に点検**し，異常の有無を確認しなければならない。

① 強風・大雨・大雪などの悪天候後の場合

② 中震以上の地震があった場合

③ 足場の組立，一部解体，もしくは変更の後

④ つり足場における作業を行う場合

(4) 足場における作業床

① **足場の高さ**が2m以上の作業場所には，**作業床を設けなければならない**。

② **床材の幅**は**40 cm 以上**とし，床材間の隙間は 3 cm 以下，床材と建地との隙間は 12 cm 未満とする。ただし，吊り足場にあっては隙間がないようにする。

③ 墜落による危険の予測される箇所については，次の設備を設ける。

・枠組足場の場合

交差筋かいおよび高さ15 cm 以上40 cm 以下の位置への中さん，もしくは高さ 15 cm 以上の幅木等または手すり枠

・枠組足場以外の足場の場合

高さ85 cm 以上の手すり等および中さん等（高さ35 cm 以上50 cm 以下のさんまたはこれと同等以上の機能を有する設備）

物体の落下防止措置として，高さ10 cm 以上の幅木，メッシュシートもしくは防網等を設ける。

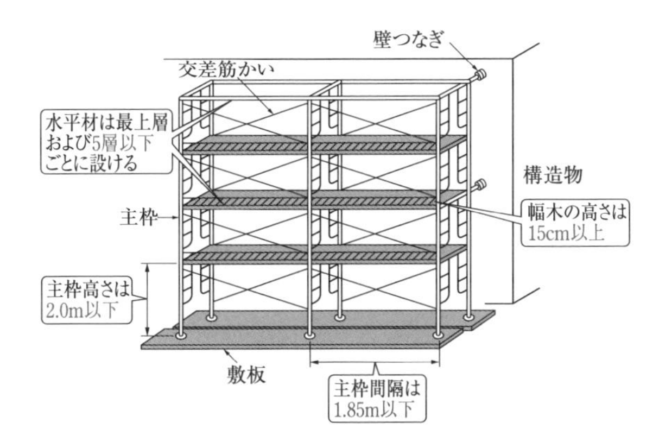

図38　枠組足場

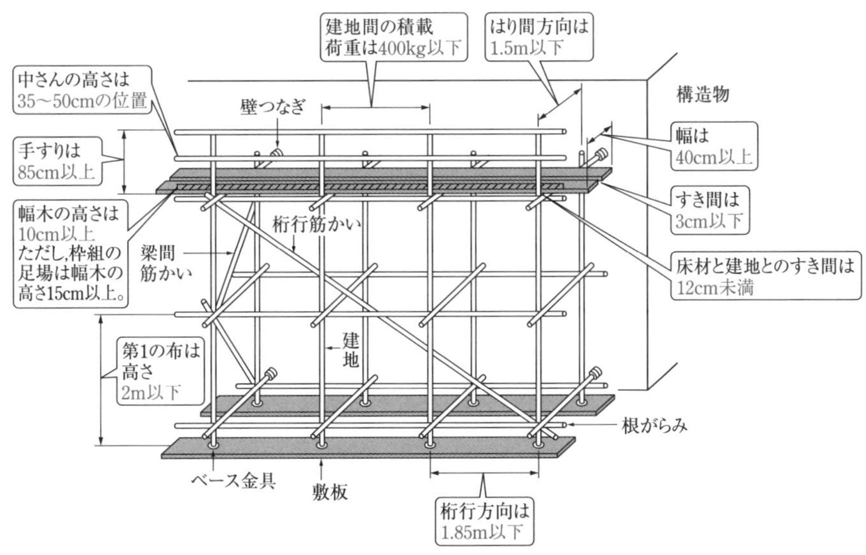

図39　鋼管（単管）足場

6.4　型枠，支保工の安全対策

型枠および支保工は，コンクリートが所定の強度に達するまで支える仮設構造物である。

(1)　使用材料

①　著しい損傷，変形または腐食のないもの。

②　主な部分の鋼材の引張強さが330 N/mm^{2}以上のもの。

③　パイプサポートの管の肉厚は2 mm 以上で，1本物であること。

(2)　組立・解体

①　組立図を作成し，これにより組み立てる。

②　支柱が組み合わされた構造の場合，設計荷重は当該支柱を製造した者が指定する最大使用荷重を超えないこと。支柱等が単独構造の場合，設計荷重は型枠支保工が支える物の重量に相当する荷重に，1 m^{2}につき150 kg 以上の荷重を加えた荷重を考慮する。

③　組立・解体作業においては，作業区域内には関係労働者以外立入り禁止とする。

④　強風・大雨・大雪などの悪天候のため，危険が予想されるときは作業を中止する。

⑤　材料，工具などの上げ下げにはつり綱，つり袋を使用する。

(3)　コンクリート打設を行う場合の点検事項

①　その日の作業を開始する前に型枠・支保工を点検し，異常を認めたときは補修する。

②　作業中に異常が認められたとき作業を中止できるよう，あらかじめ準備しておく。

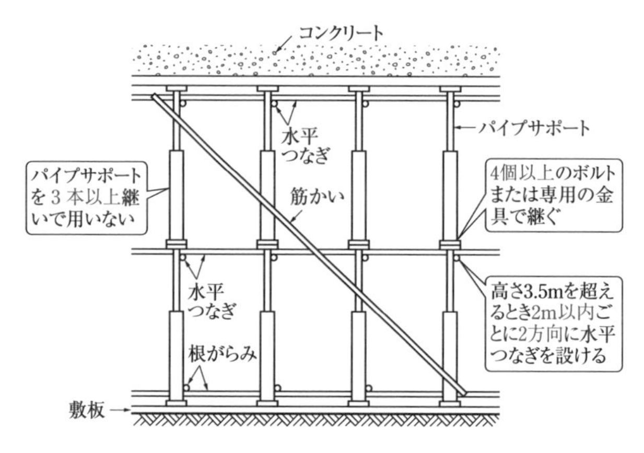

図40　パイプサポート支柱による支保工

6.5　土止め（留め）支保工の安全対策

(1)　設置する必要のある掘削深さ

①　直掘りの場合，岩盤または固い粘土からなる地山は5 m 以上，その他の地山は2 m 以上から土止め工が必要である。

②　**市街地で土砂**の場合は，1.5 m から土止め工を設ける。

(2)　土止め支保工の条件

① 土止め杭（親杭）または鋼矢板のつりあい深さの計算は，掘削完了時および最下段の切り梁設置直前の両者について行い，大きいほうの値（根入れ長）をとる。

② 使用する部材のサイズおよび根入れ長は，設計することにより十分安全なものを使用する。

③ 土止め支保工の材料は，著しい損傷（ひび割れ），変形または腐食があるものを使用しない。

④ **土止め支保工の組立て**は，あらかじめ組立図を作成し，かつ，その組立図に基づいて組み立てる。

⑤ **組立図**には，配置，寸法，材質，取付けの時期，順序を明示する。

⑥ 土止め支保工の切梁，または腹起しの取付けまたは取外しの作業については，地山の掘削および土止め支保工作業主任者技能講習を修了した者のうちから**土止め支保工作業主任者**を選任する。

(3)　部材の取付け作業時の留意事項

① 切梁および腹起しは，脱落を防止するため，矢板，杭等に確実に取り付ける。

② **圧縮材（火打ちを除く）の継手**は，突合せ継手とする。この場合，部材全体が一つの直線となるようにする。

③ 切梁または火打ちの接続部分および切梁と切梁の交差部分は，当て板をあててボルトにより緊結し，溶接により接合する等の方法により堅固なものとする。

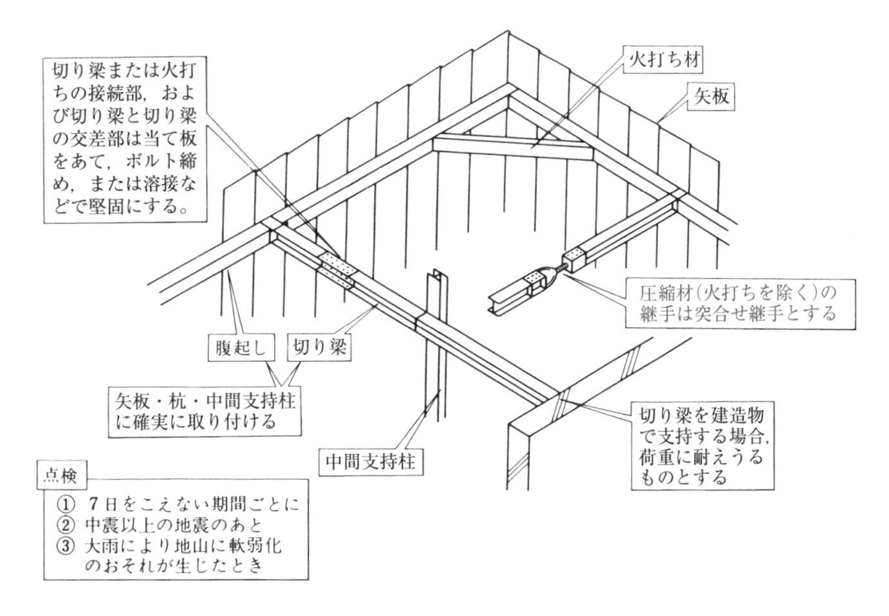

図41　土止め工

④ 中間杭（中間支持柱）を備えた土止め支保工の場合は，切梁を中間杭（中間支持柱）に確実に取り付ける。

⑤ 腹起しは，土止め杭または鋼矢板等と十分密着するように設置する。

⑥ 切梁は，腹起しと腹起しの間に接続し，ジャッキ等で堅固に締め付ける。

⑦ 切梁は，原則として継手を設けない。

⑧ 中間杭（中間支持柱）を設ける場合は，中間杭（中間支持柱）相互にも水平連結材を取り付け，これに切梁を緊結固定する。

(4) 点検

① **土止め支保工の点検時期**は，設置後７日を超えない期間ごととする。

② 中震以上の地震の後。

③ 大雨等により地山が急激に軟弱化する恐れのある事態が生じた後。

④ 点検項目は，矢板，背板，切梁，腹起し等の部材の損傷，変形，腐食，変位および脱落の有無および状態，切梁の緊結の度合，矢板，背板等の背面の空隙の状態などである。

6.6 車両系建設機械の安全対策

不特定の場所に自走できる建設機械を車両系建設機械という。

(1) 構造

前照灯と堅固なヘッドガードを備える。

(2) 制限速度

車両系建設機械（最高速度10 km/h 以上のもの）を用いて作業を行う場合は，地形，地質の状態などに応じた，適正な制限速度を定める。

(3) 作業時の留意事項

① **運転者が運転位置から離れるとき**は，バケット・ジッパなどの作業装置を地上に下ろすとともに，原動機を止め，走行ブレーキをかけなければならない。

② 乗車席以外に人を乗せない。

③ 構造上定められた安定度，および最大使用荷重などを守る。

④ 一定の合図を決め，誘導者の指示に従う。

⑤ パワーショベルによる荷の吊り上げ，クラムシェルによる作業員の昇降など，機械を本来の用途以外に使用してはならない。

(4) 車両系建設機械の移送

① 積み降ろしは平坦で堅固な場所で行う。

② 道板を使用する場合は，十分な長さ，幅および強度を有する道板を用いるとともに，適当な勾配で確実に取り付けなければならない。

③　盛土・仮設台を使用するときは，十分な幅・強度および勾配を確保する。

(5)　定期自主検査

①　車両系建設機械については，定期自主検査を実施する必要がある。検査項目および頻度は表33に示すとおりである。

②　検査済みの機械には，検査標章をはり付けなければならない。

表33　車両系建設機械の検査

頻　　度	検　査　項　目
1年以内ごとに1回	原動機・動力伝達装置 走行装置・操縦装置・ブレーキ・作業装置・油圧装置・電気系統・車体関係
1月以内ごとに1回	ブレーキ・クラッチ・操縦装置および作業装置の異常の有無 ワイヤロープおよびチェーンの損傷の有無 バケット・ジッパなどの損傷の有無
作　業　開　始　前	ブレーキおよびクラッチの機能

定期自主検査の結果の記録は3年間保存しなければならない。

表34　労働安全衛生法施行令　別表第7に掲げる車両系建設機械

整地・運搬・積込用機械	トラクター系	ブルドーザー，モーターグレーダー・トラクターショベル，ずり積機，スクレーパー，スクレープドーザー
掘削用機械	ショベル系	パワーショベル，ドラグショベル（バックホウ），ドラグライン，クラムシェル，バケット掘削機，トレンチャー
解体用機械		ブレーカ，鉄骨切断機，コンクリート圧砕機，つかみ機
基礎工事用機械		くい打機，くい抜機，アース・ドリル，リバース・サーキュレーション・ドリル，せん孔機，アース・オーガー，ペーパー・ドレーン・マシーン
締固め用機械		ローラー
コンクリート打設用機械		コンクリートポンプ車

6.7　作業主任者

(1)　選任

①　事業者は労働災害防止のため，特殊な経験を必要とする作業，および何人かで共同して行う作業では，作業員の指揮などを行う作業主任者を選任しなければならない。

②　作業主任者は，作業の区分に応じて労働局長の免許を有する者か，労働局長またはその指定する者が行う技能講習を修了した者の中から選任しなければならない。

③　作業主任者の選任を要する作業を表35に示す。

表35　作業主任者の選任を必要とする作業

名　　称	選任すべき作業
高圧室内作業主任者（免）	高圧室内作業
ガス溶接作業主任者（免）	アセチレンなどを用いて行う金属の溶接・溶断・加熱作業
コンクリート破砕器作業主任者（技）	コンクリート破砕器を用いて行う破砕作業
地山掘削作業主任者（技）	掘削面の高さが2m以上となる地山掘削作業
土止め支保工作業主任者（技）	土止め支保工の切梁・腹起しの取付け・取外し作業
型枠支保工の組立等作業主任者（技）	型枠支保工の組立・解体作業
足場の組立等作業主任者（技）	つり足場，張出し足場または高さ5m以上の構造の足場の組立・解体作業
鉄骨の組立等作業主任者（技）	建築物の骨組み，または塔であって，橋梁の上部構造で金属製の部材により構成される5m以上のものの組立・解体作業
酸素欠乏危険作業主任者（技）	酸素欠乏危険場所における作業
ずい道等の掘削等作業主任者（技）	ずい道などの掘削作業またはこれに伴うずり積み，ずい道支保工の組立，ロックボルトの取付け，もしくはコンクリートの吹付作業
コンクリート造の工作物の解体等作業主任者（技）	その高さが5m以上のコンクリート造の工作物の解体または破壊の作業
コンクリート橋架設等作業主任者（技）	上部構造の高さが5m以上のものまたは支間が30m以上であるコンクリート造の橋梁の架設，解体または変更の作業
鋼橋架設等作業主任者（技）	上部構造の高さが5m以上のものまたは支間が30m以上である金属製の部材により構成される橋梁の架設，解体または変更の作業

注：（免）免許を受けた者，（技）技能講習を修了した者

(2)　作業主任者の業務

① 作業の方法を決定し，作業を直接指揮する。

② 材料の欠陥，器具・工具などを点検し，不良品を取り除く。

③ 墜落制止用器具等および，保護帽の着用状況を監視する。

6.8　土石流に対する安全対策

(1)　事前調査

① 工事対象渓流並びに周辺流域について，気象特性や地形特性，土砂災害危険箇所の分布，過去に発生した土砂災害状況等，流域状況を調査する。

② 事前調査に基づき，土石流発生の可能性について検討し，その結果に基づき上流の監視方法，情報伝達方法，避難路，避難場所を定めておく。

③ 降雨，融雪，地震があった場合の警戒・避難のための基準を定めておく。

④ 安全教育については，避難訓練を含めたものとする。

(2)　現場管理

① 土石流が発生した場合にすみやかにこれを知らせるための警報設備を設け，常に有効に機能するよう点検，整備を行う。

② 避難方法を検討のうえ，避難場所・避難経路等の確保を図るとともに，避難経路に支障がある場合には登り桟橋，はしご等の施設を設ける。

③「土石流の到達する恐れのある工事現場」での工事であること並びに警報設備，避難経路等について，その設置場所，目的，使用方法を工事関係者に周知する。

④ 現場の時間雨量を把握するとともに，必要な情報の収集体制・その伝達方法を確立しておく。

⑤ 警戒の基準雨量に達した場合は，必要に応じて上流の監視を行い，工事現場に土石流が到達する前に避難できるよう，工事関係者へ周知する。

⑥ 融雪または土石流の前兆現象を把握した場合は，気象条件等に応じて，上流の監視，作業中止，避難等，必要な措置をとる。

⑦ 避難の基準雨量に達した場合または，地震があったことによって土石流の発生の恐れのある場合には，直ちに作業を中止し，作業員を避難場所に避難させるとともに，作業の中止命令を解除するまで，土石流到達危険範囲内に立入らないよう作業員に周知する。

⑧ 避難訓練は工事開始後遅滞なく１回，その後６ケ月以内ごとに１回行い，その結果を記録したものを３年間保存する。

7章 建設副産物・環境保全

7.1　建設リサイクル法（建設工事に係る資材の再資源化等に関する法律）

(1)　建設リサイクル法の目的

①　特定の建設資材について，分別解体などで再資源化などを促進する。

②　解体工事業者の登録制度の実施。

(2)　再資源化

①　分別解体等に伴って生じた建設資材廃棄物を，資材または原材料として利用することができる状態にすることをいう（建設資材廃棄物をそのまま用いることを除く）。

②　分別解体等に伴って生じた建設資材廃棄物で燃焼の用に供することができるもの，またはその可能性のあるものを，熱を得ることに利用することができる状態にすることも再資源化である。

特定建設資材の処理方法と利用用途は，表36のとおりである。

表36　特定建設資材の処理と利用

特定建設資材	処理方法	処理後の材料	用途
コンクリート塊	① 破砕 ② 選別 ③ 混合物除去 ④ 粒度調整	① 再生クラッシャーラン ② 再生コンクリート砂 ③ 再生粒度調整砕石	① 路盤材 ② 埋め戻し材 ③ 基礎材 ④ コンクリート用骨材
建設発生木材	チップ化	① 木質ボード ② 堆肥 ③ 木質マルチング材	① 住宅構造用建材 ② コンクリート型枠 ③ 発電燃料
アスファルト・コンクリート塊	① 破砕 ② 選別 ③ 混合物除去 ④ 粒度調整	① 再生加熱アスファルト安定処理混合物 ② 表層基層用再生加熱アスファルト混合物 ③ 再生骨材	① 上層路盤材 ② 基層用材料 ③ 表層用材料　④ 路盤材 ⑤ 埋め戻し材　⑥ 基礎材

(3)　建設リサイクル法の主な用語

①　**建設資材廃棄物**：建設資材が廃棄物となったものをいう。

②　**分別解体**：建設資材廃棄物を種類ごとに分別することをいう。

③　**建設資材廃棄物の縮減**：焼却・脱水・圧縮その他の方法で大きさを減ずる行為をいう。

(4)　特定建設資材（4種類）

①　**コンクリート**

②　**コンクリートおよび鉄からなる建設資材**

③　**木材**

④　**アスファルト・コンクリート**

(5) 分別解体等および再資源化等が義務付けられる工事（対象建設工事）

①　対象となる工事の種類及び規模の基準は表37のとおりである。

表37　届出対象建設工事

工　事　の　種　類	規　模　の　基　準
建築物の解体	80 m²以上（床面積）
建築物の新築・増築	500 m²以上（床面積）
建築物の修繕・模様替（リフォームなど）	1億円以上（費用）
その他の工作物に関する工事（土木工事など）	500万円以上（費用）

②　対象工事を行う発注者または自主施工者は，**工事7日前までに**，その計画を**都道府県知事に届出る**。

③　都道府県知事は届出を受理して7日以内に限り，計画の変更その他の必要な措置を命ずることができる。対象建設工事が複数の都道府県にまたがるときは，それぞれの都道府県知事に別々に届出を行う。

④　国または地方公共団体が発注者になるときは，**都道府県知事にその旨を通知する**必要がある。

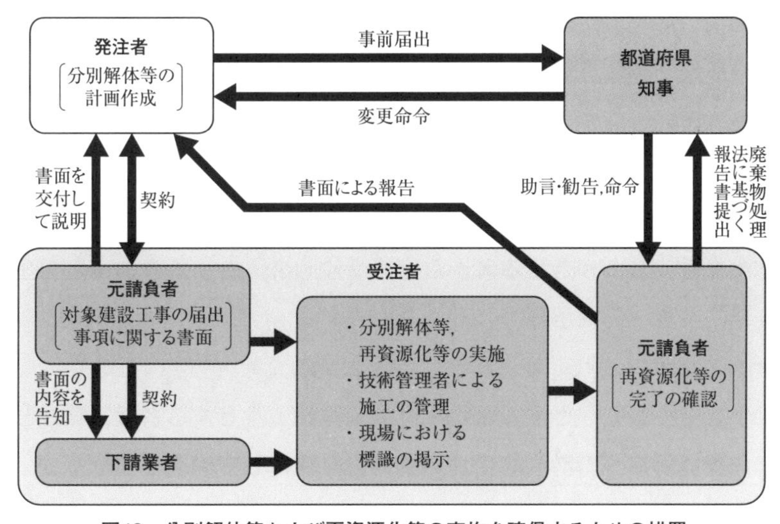

図42　分別解体等および再資源化等の実施を確保するための措置

7.2 建設副産物適性処理推進要綱

(1) 建設副産物の構成

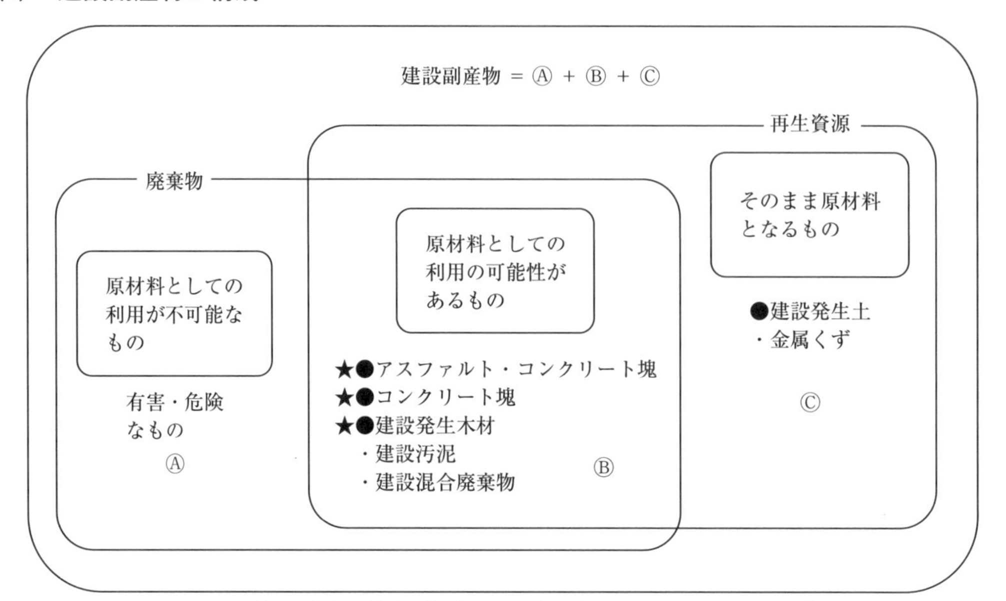

図43 建設副産物の構成（参考：国土交通省リサイクルホームページ）

注. 建設発生土および建設発生木材は「資源有効利用促進法」では土砂および木材とされている。
●：資源有効利用促進法に規定された「指定副産物」
★：建設リサイクル法に規定された「特定建設資材」

(2) 建設副産物対策の基本

① 発生の抑制：施工方法などを工夫して発生を抑制する。

② 再利用の促進：建設資材としてリサイクルを促進する。

③ 適正処分の徹底：廃棄物の不法投棄をなくし，適正な処分を徹底する。

(3) 計画の作成等

① 分別解体等の計画の作成

建設工事を発注しようとする者から直接受注しようとする者および自主施工者は，事前調査に基づき，分別解体等の計画を作成する。

② 発注者への説明

建設工事を発注しようとする者から直接受注しようとする者は，発注しようとする者に対し，分別解体等の計画等について書面を交付して説明する。

③ 事前届出

発注者または自主施工者は，工事着手の７日前までに，分別解体等の計画等について，都道府県知事または建設リサイクル法施行令で定められた市区町村長に届出る。

④ 下請負人への告知

受注者は，その請け負った建設工事を他の建設業を営む者に請け負わせようとするときは，その者に対し，その工事について発注者から都道府県知事または建設リサイクル法施行令で定められた市区町村長に対して届出られた事項を告げる。

⑤　**施工計画の作成**

元請業者は，施工計画の作成に当たっては，再生資源利用計画，再生資源利用促進計画および廃棄物処理計画等を作成する。

⑥　**発注者への完了報告**

元請業者は，再資源化等が完了した旨を発注者へ書面で報告するとともに，再資源化等の実施状況に関する記録を作成し，保存する。

(4)　建設発生土

土質区分は，工学的判断に基づき，第１種～第４種および泥土に区分される。

土質区分の判断は，コーン指数，自然含水比，土の粒度，液性限外，塑性限界などの調査で行う。

表38　建設廃棄物の分類

建設廃棄物

一般廃棄物

分　　類	建設工事現場から排出される一般廃棄物の具体的内容（例）
残木材（木くず）	型枠，足場材など 大工，建設工事などの残材
紙くず 繊維くず	包装材，ダンボール，壁紙くず 廃ウエス，縄，ロープ類
燃えがら	現場内焼却残渣物（ウエス，ダンボールなど）
その他	現場事務所，宿舎などの撤去に伴う各種廃材 （寝具，フロ，畳，日用雑貨品，設計図面，雑誌など）

産業廃棄物

分　　類	建設工事現場から排出される産業廃棄物の具体的内容（例）
汚泥	①　廃ベントナイト汚水 ②　リバース工法などに伴う廃泥水 ③　含水率が高く粒子の微細な泥状の掘削土
廃油	①　防水アスファルト，アスファルト乳剤などの使用残渣（タールピッチ類） ③　廃油のうち揮発油類，灯油類および軽油類を除くもの
廃プラスチック類	①　廃合成樹脂建材　②　廃発泡スチロールなど梱包材 ③　廃タイヤ　④　廃シート類
建設木くず	①　木造家屋などの解体木材
金属くず	①　鉄骨鉄筋くず　②　金属加工くず ③　足場パイプや保安塀くず　④　廃缶類
ガラスくずおよび陶磁器くず	①　ガラスくず ②　タイル衛生陶器くず ③　耐火レンガくず
建設廃材	工作物の除去に伴って生じたコンクリートの破片，その他これに類する不要物 ①　コンクリート破片 ②　アスファルト・コンクリート破片 ③　レンガ破片
ゴムくず	天然ゴムくず

特定有害産業廃棄物	特別管理産業廃棄物	廃石綿（飛散性アスベスト廃棄物）

土質の改良の定義

① **含水比低下**：水切り，天日乾燥，ばっ気乾燥，水位低下掘削等を用いて，含水比の低下を図ることにより利用可能となるもの。

② **安定処理等**：セメントや石灰による化学的安定処理と，高分子系や無機材料による水分の土中への固定を主目的とした改良材による土質改良を行うことにより利用可能となるもの。

7.3　廃棄物処理法（廃棄物の処理及び清掃に関する法律）

(1)　廃棄物の分類（表38）

① 産業廃棄物：事業活動に伴って生じた廃棄物

② 一般廃棄物：産業廃棄物以外の廃棄物

③ 特別管理産業廃棄物：爆発性，毒性および感染性など生活環境に係る被害を及ぼす恐れのあるもので，政令で定めるもの。

(2)　産業廃棄物の処分場の型式

表39　処分場型式

処分場の型式	処分できる廃棄物
安定型処分場	廃プラスチック類，ゴムくず，金属くず，ガラスくず，陶磁器くず，建設廃材など
管理型処分場	廃油（タールピッチ類に限る），紙くず，木くず，繊維くず，動植物性残渣，動物のふん尿，動物の死体，基準に適合した燃えがら，ばいじん，汚泥，鉱さいなど
遮断型処分場	基準に適合しない燃えがら，ばいじん，汚泥（有害），鉱さいなど

(3)　運搬，処分の委託

産業廃棄物の排出事業者（建設工事においては元請業者）は，その廃棄物をみずから適正に処理する。また，その処理を他人に委託することもできる。

委託にあたっての基準は以下のとおりである。

① 運搬は，他人の産業廃棄物の運搬を業として行う者に委託する。

② 処分または再生は，他人の産業廃棄物の処分または再生を業として行う者に委託する。

③ 委託契約は，書面により行う。

④ 委託契約書には，産業廃棄物の種類および数量，運搬の最終目的の所在地，処分または再生の場所の所在地，処分または再生に係る

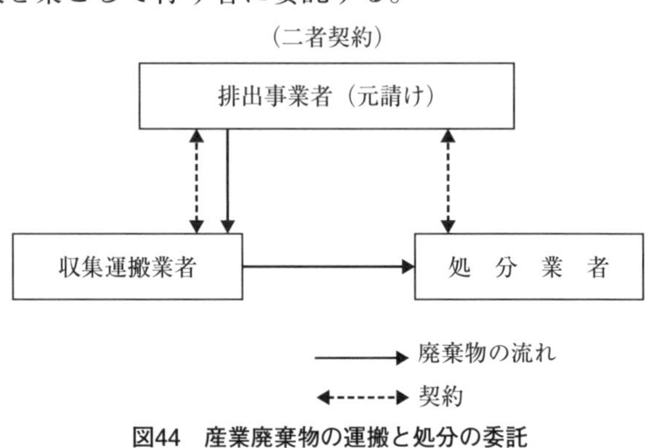

図44　産業廃棄物の運搬と処分の委託

施設の処理能力，最終処分の場所の所在地，最終処分の方法および最終処分に係る施設の処理能力を記載する。

⑤　委託契約書の締結は，収集運搬と処分について，それぞれ契約する「二者契約」を原則とする。

(4)　産業廃棄物管理票（マニフェスト）

①　**排出事業者**（建設工事においては元請業者）は，産業廃棄物の運搬または処分を委託する場合，受託した者に対して，当該産業廃棄物の種類および数量，受託した者の氏名，その他省令で定める事項を記載した産業廃棄物管理票（マニフェスト）を，産業廃棄物の量にかかわらず，交付しなければならない。

②　**産業廃棄物管理票**は，産業廃棄物の種類ごとに，産業廃棄物を引渡すときに，管理票交付者（排出事業者）が受託者に交付する。

③　産業廃棄物管理票交付者（**排出事業者**）は，当該管理票に関する報告を都道府県知事に年1回提出しなければならない。

④　産業廃棄物管理票の写しを送付された排出事業者・運搬受託者・処分受託者の3者は，この写しを5年間保存しなければならない。

⑤　電子マニフェスト：情報処理センターが運営するネットワークを利用して，排出事業者・収集運搬業者・処分業者がマニフェスト情報を報告・管理するシステムのことである。電子マニフェストを利用するためには，排出事業者・収集運搬業者・処分業者の三者が加入している必要がある。

(5)　現場内での廃棄物の保管

建設廃棄物の現場における保管にあたっては，廃棄物処理法の以下のような基準に従わなければならない。

①　保管施設により保管する。

②　飛散・流出しないようにし，粉塵防止や浸透防止等の対策をとる。

③　汚水が生ずる恐れがある場合にあっては，当該汚水による公共の水域および地下水の汚染を防止するために必要な排水溝等を設け，底面を不透水性の材料で覆う。

④　悪臭が発生しないようにする。

⑤　保管施設には，ねずみが生息し，蚊，はえその他の害虫が発生しないようにする。

⑥　周囲に囲いを設けること。なお廃棄物の荷重がかかる場合には，その囲いを構造耐力上安全なものとする。

⑦　廃棄物の保管場所である旨，その他廃棄物の保管に関して必要な事項を表示した掲示板が設けられている。

⑧　掲示板は縦および横それぞれ60 cm以上とし，保管の場所の責任者の氏名または名称および連絡先，廃棄物の種類，積み上げることができる高さ等を記載する。

⑨　屋外で容器に入れずに保管する場合，廃棄物が囲いに接しない場合は，囲いの下端から勾配50％以下，廃棄物が囲いに接する場合は，囲いの内側2 m は囲いの高さより50 cm 以下，2 m 以上内側は勾配50％以下とする。

⑩　可燃物の保管には，消火設備を設けるなど火災時の対策を講ずる。

⑪　作業員等の関係者に保管方法等を周知徹底する。

⑫　廃泥水等液状または流動性を呈するものは，貯蓄槽で保管する。また，必要に応じ，流出事故を防止するための堤防等を設ける。

⑬　がれき類は崩壊，流出等の防止措置を講ずるとともに，必要に応じ散水を行うなど粉塵防止措置を講ずる。

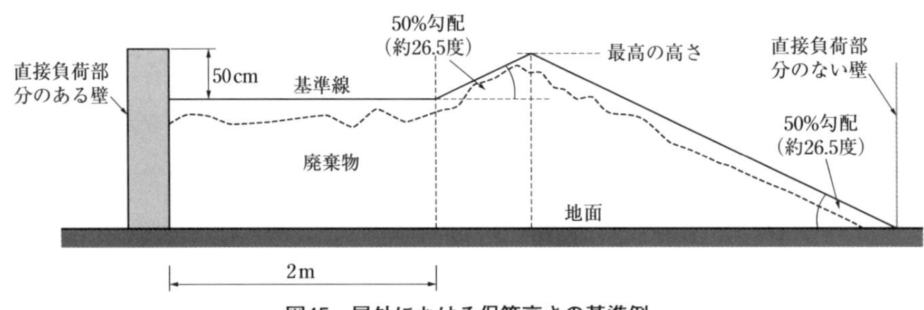

図45　屋外における保管高さの基準例

7.4　騒音規制法・振動規制法

(1)　規制地域

生活環境の保全を図る必要があるとして，2日間以上にわたる建設工事を行う場合，騒音および振動の規制を行う都道府県知事が指定する地域のことで，第1号区域と第2号区域がある。

表40　騒音・振動の規制区域

第1号区域	①　良好な住居の環境を保全するため，特に静穏の保持を必要とする区域 ②　住居の用に供されているため，静穏の保持を必要とする区域 ③　住居の用に併せて商業，工業などの用に供されている区域であって，相当数の住居が集合しているため，騒音・振動の発生を防止する必要がある区域 ④　学校，保育所，病院および診療所（ただし患者の収容設備を有するもの），図書館並びに特別養護老人ホームの敷地の周囲おおむね80 m の区域内
第2号区域	指定された地域のうち，第1号区域に掲げる区域以外の区域

表41　規制時間等

区域	作業禁止時間帯	1日の作業時間	作業期間	作業禁止日	規制基準
第1号区域	午後7時～午前7時	10時間以下	同一場所で6日間以下	日曜日，休日	騒音85 dB 振動75 dB
第2号区域	午後10時～午前6時	14時間以下			

(2)　特定建設作業

規制の対象となる建設作業で，騒音に関する特定建設作業は８種類が，振動に関する特定建設作業は４種類が対象となる。各作業の概要は表42のとおりである。

表42　特定建設作業の対象となる建設機械などと規制基準

区分	特定建設作業の種類	規制基準
騒音	①　くい打機（もんけんを除く），くい抜機またはくい打くい抜機（圧入式を除く）（アースオーガー併用くい打機を除く） ②　びょう打機 ③　さく岩機* ④　空気圧縮機（出力が15 kW 以上の電動機以外の原動機を使用） ⑤　コンクリートプラント（混練容量が0.45 m³以上） アスファルトプラント（混練重量が200 kg 以上） ⑥　バックホウ（定格出力80 kW 以上） ⑦　トラクターショベル（定格出力が70 kW 以上） ⑧　ブルドーザ（定格出力が40 kW 以上）	85 dB 敷地境界における値
振動	①　くい打機（もんけんおよび圧入式を除く），くい抜機（油圧式を除く）またはくい打くい抜機（圧入式を除く） ②　鋼球（破壊用） ③　舗装版破砕機* ④　ブレーカー（手持式を除く）*	75 dB 敷地境界における値
*作業地点が連続的に**移動する場合**は１日の作業の２地点間の**最大距離が50 m** を超えない作業に限る。		

(3)　届出

①　指定地域内において特定建設作業を伴う建設工事を施工しようとする者は，作業開始日の７日前までに**市町村長に届出**なければならない。ただし災害その他非常の事態の発生により特定建設作業を緊急に行う必要がある場合は，この限りでない。

②　届出の際提出する書類は，次のとおりである。

1）氏名または名称および住所ならびに法人にあっては，その代表者の氏名

2）建設工事の目的に係る施設または工作物の種類

3）特定建設作業の場所および実施の期間

4）騒音（振動）の防止の方法

5）その他環境省令で定める事項

(4)　改善命令

①　**市町村長**は，指定地域内で行われる特定建設作業に伴って発生する騒音・振動が法の規制基準をオーバーし，周辺住民の生活環境を著しく損ねていると認められるときは，その事態を除去するために，必要な限度において，騒音・振動の防止方法を改善し，または特定建設作業の作業時間を変更するよう勧告することができる。

② 市町村長は，勧告を受けた者がその勧告に従わず特定建設作業を継続している場合には，期限を定めて，騒音・振動の防止の改善，または作業時間の変更を命じることができる。

〔注〕騒音・振動の防止とは，消音装置の取付けなどの具体的対策のことで，工事の中止までは含まれていない。

③ 市町村長は，公共性のある施設・工作物に関する建設工事として行われる特定建設作業については，前記の勧告または命令を行うにあたり，工事の遅れなどによって地域住民の生活に大きな影響を与えることが考えられるような場合は，その工事の円滑な実施について特に配慮しなければならない。

④ 市町村長は，この法律の施行に必要な限度において，政令で定めるところにより，特定建設作業を伴う建設工事を施工する者に対し，特定建設作業の状況その他必要な事項の報告を求め，またはその職員に，建設工事の場所に立ち入り検査させることができる。

［編著者］　高瀬　幸紀（たかせ　ゆきのり）

【略歴】
1971年　北海道大学工学部土木工学科　卒業
同年　住友金属工業（株）入社
土木橋梁営業部長，東北支社長，北海道支社長を歴任
2003年　住友金属建材（株）
2006年　日鐵住金建材（株）
2009年　髙瀬技術士事務所　所長
技術士　建設部門

佐々木　栄三（ささき　えいぞう）

【略歴】
1969年　岩手大学工学部資源開発工学科　卒業
東京都港湾局に勤務
2002年　東京都港湾局担当部長
2005年　東京都退職
技術士　衛生工学部門，技術士　建設部門，
一級土木施工管理技士

黒図　茂雄（くろず　しげお）

【略歴】
1989年　日本大学生産工学部土木工学科　卒業
1989年　（株）島村工業　入社
2006年　クロズテック（株）設立
現　在　クロズテック（株）代表取締役
一級土木施工管理技士

令和６（2024）年度版
１級土木施工管理技士
実戦セミナー　第二次検定

2024年3月25日　初版印刷
2024年4月5日　初版発行

編著者　髙瀬幸紀
佐々木栄三
黒図茂雄
発行者　澤崎明治

（印刷）星野精版印刷㈱　（製本）ブロケード
（トレース）丸山図芸社

発行所　株式会社　市ヶ谷出版社
東京都千代田区五番町５番地
電話　03－3265－3711（代）
FAX　03－3265－4008
http://www.ichigayashuppan.co.jp

ISBN 978-4-86797-303-5